U0344306

谨以此书献给中国海油
四十周年华诞

海上油气田防台历程与实践

安 伟 等著

海洋出版社

2022年·北京

图书在版编目（CIP）数据

海上油气田防台历程与实践 / 安伟等著. — 北京：
海洋出版社, 2022.8
ISBN 978-7-5210-0946-0

Ⅰ. ①海… Ⅱ. ①安… Ⅲ. ①海洋石油工业 – 台风灾
害 – 灾害防治 – 中国 Ⅳ. ①P425.6

中国版本图书馆CIP数据核字(2022)第065319号

审图号：京审字（2023）G第1008号

责任编辑：苏　勤
责任印制：安　森

海洋出版社 出版发行
http://www.oceanpress.com.cn
北京市海淀区大慧寺路 8 号　　邮编：100081
鸿博昊天科技有限公司印刷　　新华书店北京发行所经销
2022年8月第1版　　2022年8月第1次印刷
开本：787mm × 1092mm　　1 / 16　　印张：13.5
字数：260千字　　定价：298.00元
发行部：010-62100090　　总编室：010-62100034

《海上油气田防台历程与实践》编写委员会

主　编： 安　伟

副主编： 赵建平　靳卫卫　张庆范

编　委（按姓氏笔画顺序）：

于　波　王　勇　牛迎春　孔祥祎　申洪臣
冯永辉　刘　阳　李延东　李安忠　李建伟
肖　强　何清旺　何源首　宋莎莎　罗教彬
章　焱　渠亚军　韩玉龙　熊学祥

序

台风是海上油气田开发面临的最严峻的挑战之一。作为一种破坏力极强的自然灾害，台风每年都会影响我作业海域，往往导致海上停工停产，人员撤离，造成难以评估的经济损失，甚至引发灾难性事故，危及生命和财产安全。

中国海洋石油集团有限公司（以下简称“中国海油”）自1982年成立以来，累计应对台风近500次，其中超强台风93次。40年来，中国海油通过海洋工程技术进步和应急能力建设，不断提升应对自然灾害的管理水平；坚持“十防十空也要防”的底线原则，制定防台工作标准，利用结构性防台、重大情景构建和“一船一案”等良好作业实践，贯彻“科学防台、精准施策”理念，一系列防灾措施初见成效。

回首海上油气田防台风雨历程，成功与失败、经验与教训值得每一位海油人去了解和学习。本书全面总结了中国海油40年来的防台工作，内容涵盖了海上防台的基础理论、专业知识、管理实践以及技术研究的最新成果，资料翔实，具有很强的系统性、针对性和实用性。我相信，本书对熟悉中国海油的防台历程，提升海洋石油工业台风灾害应急现代化水平，将起到很好的促进作用。

2022年是中国海油成立40周年。站在新起点，希望大家坚持以习近平生态文明思想和安全发展理念为指导，发挥“爱国、担当、奋斗、创新”的海油精神，勇于探索，大胆实践，勤于总结，全面应对台风数量增多和强度增大带来的风险和挑战，奋力开创新时代海上油气田防台工作新局面，为建设中国特色国际一流能源公司继续贡献价值。

中国海洋石油集团有限公司
质量健康安全环保部总经理

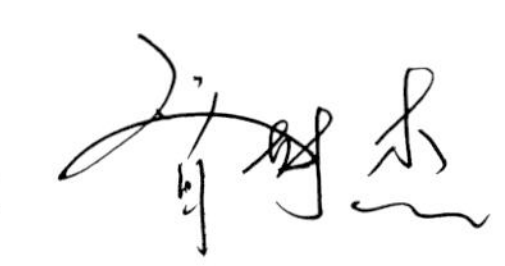

2022年7月

前　言

2022年中国海油迎来了自己的40岁华诞。40年战天斗海，40年栉风沐雨，40年砥砺前行，步入不惑之年的中国海油正在向着中国特色国际一流能源公司的目标稳步前进。

40年来，在党中央、国务院以及相关部委的领导和关怀下，中国海油大胆闯、大胆试，走出了一条“引进来”和“走出去”相互促进的融合发展之路，敢于、勇于并且善于吸收中外一切优秀成果与经验，逐步形成了一套行之有效的台风应对策略、方案和措施。

走得再远，走到再光辉的未来，都不能忘记走过的路，不能忘记为什么出发。通过40年的艰辛探索，中国海油在海上油气田防台方面已经取得了一定的成熟经验，但是回望这40年探索史有时候也付出了血与泪的惨痛教训。作为新时代海油人，我们有责任也有义务将这套成熟经验和探索历程整理成册，这不仅是中国海油的财富，也可以为其他涉海行业提供参考借鉴。

本书共分为8章。第1章“台风概述”论述了台风的基本知识；第2章“台风对海上石油设施的影响及对策”分析了台风对海上设施的影响及应对措施，梳理了国内外因大风浪造成的事故案例；第3章“台风对海上油气田的影响分析”统计了1982—2021年台风对海上油气田的影响，分析了10年际变化规律，并分年度总结了2011—2020年台风对海上油气田的影响和应对过程；第4章“海上油气田防台历程”回顾了1982—2021年期间海上油气田在防台方面从被动应对到科学防治的三个跨越；第5章“海上油气田防台应急管理体系”阐述了海上油气田在防台方面的应急管理体系建设成效；第6章“海上油气田防台实践”总结了海上油气田在应对台风方面从防范与准备、监测预警、应急处置到恢复与重建四个阶段的成熟做法与经验；第7章“海上油气田防台辅助支持系统”介绍了系统的整体架构、核心功能以及使用说明；第8章“海上油气田防台工作展望”展望了海上油气田在防台管理制度建设、技术能力提升以及基层防台重塑三个方面的发展方向。附录中收录了中国海油相关单位的防台良好作业实践。

另外在“热带气旋”和“台风”两个专有名词的使用上，考虑到受众的语言习惯、专业程度和接受能力，中国气象局规定自2013年11月1日起，在台风预报预警服务信息中，针对强度达到热带风暴及以上级别的热带气旋，要统一使用“台风”用语，而不再根据热带气旋的不同强度使用对应的等级用语。由于热带低压对于海上油气作业的影响极其有限，因此本书中除需明确区分台风等级及原文引用外，一律用“台风”表示8级以上（含8级）级别的热带气旋。

本书的编撰得到中国海洋石油集团有限公司质量健康安全环保部、中海石油（中国）有限公司天津分公司、中海石油（中国）有限公司上海分公司、中海石油（中国）有限公司深圳分公司和中海石油（中国）有限公司湛江/海南分公司以及海洋石油工程股份有限公司、中海油田服务股份有限公司、中海油能源发展股份有限公司等单位的大力支持，在此向他们表示衷心的感谢和诚挚的谢意！

成书的过程中也受到了中国海洋石油集团有限公司质量健康安全环保部原副总经理（已退休）魏文普的悉心指导。此外本书编委之一罗教彬也对书稿的整体编排提出了建设性的建议，在此一并感谢！

限于编者水平和时间有限，书中难免有不当甚至错误之处，欢迎广大读者批评指正。

编　者

2022年6月

目　录

第1章 台风概述

1.1　台风定义

台风（Typhoon）属于一种热带气旋。热带气旋是发生在热带或亚热带洋面上的低压涡旋，是一种强大而深厚的热带天气系统。根据世界气象组织定义，中心持续风速在12级至13级的热带气旋称为台风或飓风。广义的台风也泛指8级以上的热带气旋。

热带气旋因生成的地点不同，叫法也不同。在西北太平洋包括南海生成的热带气旋称为台风；在大西洋或东北太平洋生成的热带气旋称为飓风；在印度洋地区生成的热带气旋称为风暴。世界上热带气旋的分布见图1.1。

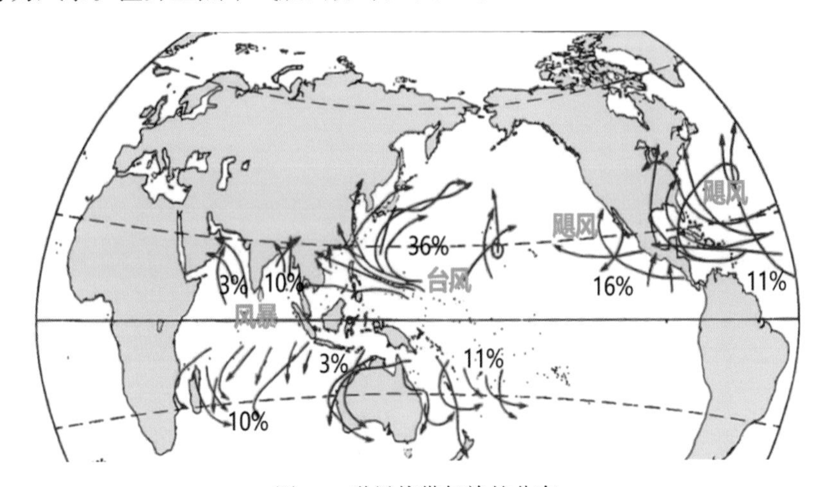

图1.1　世界热带气旋的分布

1.2　台风分级

1.2.1　台风速度表示

衡量风速的大小与其测量的高度和平均时长（时距）密不可分。风速会随测量高度的增加而增大，随测量时距的增加而减少。我国国家标准《风力等级》（GB/T 28591—2012）规定风速大小为标准气象观测场10 m高度处的风速。常用的表征风速大小的时距有“1 min平均风速”“2 min平均风速”以及“10 min平均风速”，如“2 min平均风速”是指以正点前2 min至正点期间的平均风速作为该点的风速。

我国的气象预报机构以“2 min平均风速”区分台风的等级，日本的气象预报机构以“10 min平均风速”区分台风的等级，美国的气象预报机构以“1 min平均风速”区分飓风的等级。我国海上石油设施的设计条件中的风速是指“1 min平均风速”，与我国气象预报采用的“2 min平均风速”之间换算关系为

$$V_{1\min} = 1.034V_{2\min}$$

式中，V_{1min}为1 min的平均风速，m/s；V_{2min}为2 min的平均风速，m/s。

1.2.2　台风等级划分

2006年6月15日正式实施的国家标准《热带气旋等级》（GB/T 19201—2006），把西北太平洋和南海的台风按底层中心附近最大平均风速划分为6个等级，具体见表1.1。

表1.1　台风等级参数

热带气旋等级名称	底层中心附近最大平均风速（m/s）	蒲福风力等级
热带低压（TD）	10.8 ~ 17.1	6 ~ 7级
热带风暴（TS）	17.2 ~ 24.4	8 ~ 9级
强热带风暴（STS）	24.5 ~ 32.6	10 ~ 11级
台风（TY）	32.7 ~ 41.4	12 ~ 13级
强台风（STY）	41.5 ~ 50.9	14 ~ 15级
超强台风（Super TY）	≥51.0	16级以上

1.3　台风形成

1.3.1　形成条件

台风的形成是一个复杂的过程，对其形成原因至今尚未彻底明确。一般说来，台风的发生要具备以下4个基本条件：①广阔的暖洋面，海水温度在26.6℃以上；②对流层风速的垂直切变较小；③地球自转偏向力大于一定值（纬度大于5°的地区）；④存在低层扰动。以上4个条件只是台风产生的必要条件，但是具备这些条件，不等于就有台风发生。

1.3.2　形成过程

台风的整个形成过程可简单概括为3个阶段。在热带洋面上经常有许多弱小的热带涡旋，通常称之为台风的“胚胎”，台风总是由这种弱的热带涡旋发展成长起来的。台风从最初的低压环流到中心附近最大平均风力达到8级一般需要2天左右，慢的要3 ~ 4天，快的只需数小时。在发展阶段，台风不断吸收能量，直到中心气压达到最低值，风速达到最大值。台风登陆或向高纬度移动后，受到地面摩擦和能量供应不足的共同影响，会迅速减弱消亡。超强台风“玲玲”从生成到消亡的卫星云图见图1.2。

图1.2　超强台风“玲玲”从生成到消亡的卫星云图变化过程

（1）初始孕育阶段：当海水表层温度高于26℃，海水不断加速蒸发成水汽上升，使近洋面气压降低，周围较冷空气源源不断地补充流入再次遇热上升；流入的空气受地转偏向力的影响随之旋转起来，旋转的空气产生的离心力把空气往外甩，使得中心的空气越来越稀薄，空气压力不断变小，形成了热带低压或台风初始阶段。

（2）发展增强阶段：因热带低压的中心气压比周围低，所以周围空气涌向热带低压中心，周围空气遇热上升；热空气升高遇冷凝结，放出热量，又促使低层空气不断上升；随着热带低压中心附近空气旋转的加剧，中心最大风力不断升高，中心气压不断降低，直至中心最大风力达到热带风暴级、强热带风暴级、台风级、强台风级、超强台风级水平。

（3）减弱消亡阶段：台风消亡的方式一种是登陆后因失去了海水潜热能供应，加上陆地摩擦力大，大量消耗了台风的动能而消亡；另一种是台风北上到达较高纬度时，由热带气旋变成温带气旋而消亡。

1.4　台风结构

台风是一个强大的气旋性漩涡，中心气压很低。在低层有显著向中心辐合的气流，在顶部气流主要向外辐散。一个发展成熟的台风，高度可达15～20 km，气旋半径一般为500～1 000 km，如图1.3所示。

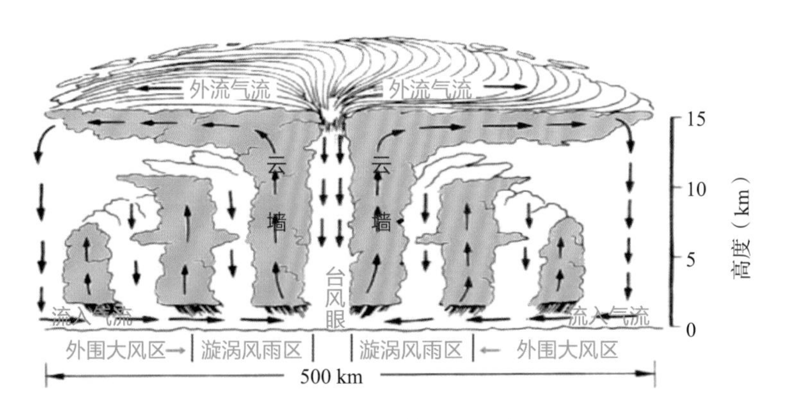

图1.3　台风整体结构示意

1.4.1 垂直结构

台风在垂直方向上从下向上可分为低层气流流入层、中间过渡层和高层气流流出层，如图1.4所示。

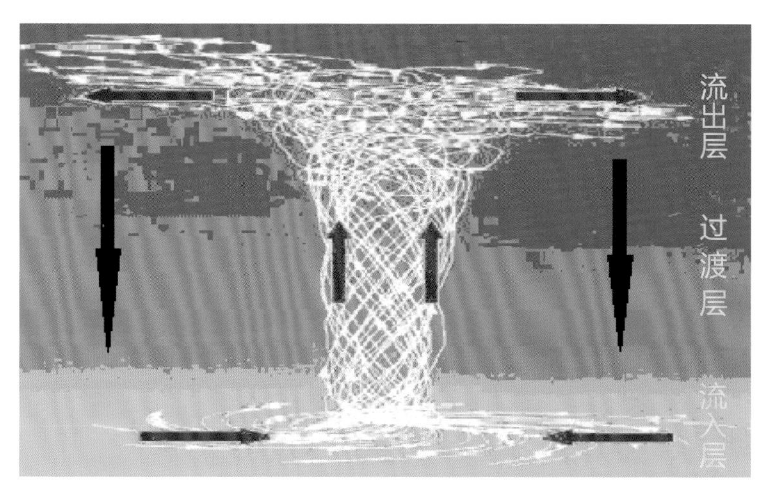

图1.4 台风垂直方向结构

低层气流流入层：从地面到3 km高（主要是从500～1 000 m的摩擦层），气流有显著向中心辐合的径向分量，这一层对台风的发生、发展和消亡具有举足轻重的影响。

中层过渡层：高度为3～8 km，气流主要沿切线方向环绕台风眼壁螺旋上升，上升速度在300～700 hPa之间达到最大。

高层气流流出层：从8 km左右到对流层顶（12～16 km），这层空气外流的量与流入层的流入量大体相当。

1.4.2 水平结构

台风在水平方向从外向内可以分为外层区、云墙区和台风眼，如图1.5所示。

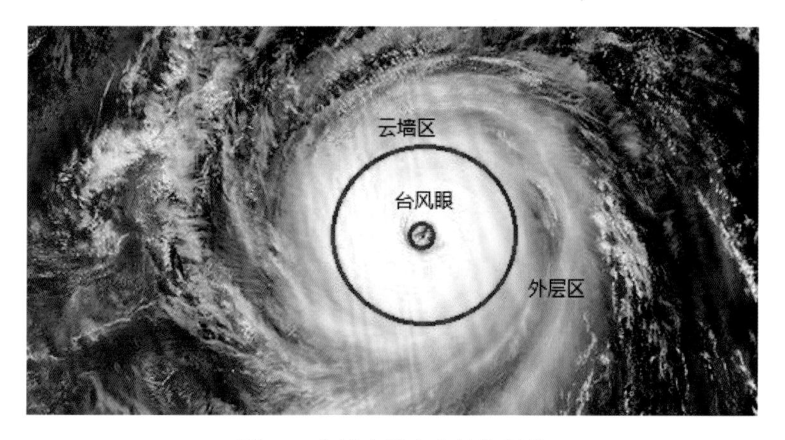

图1.5 台风水平方向结构划分

外层区（外围的大风区）：在台风外围的低层有数支同台风区等压线的螺旋状气流卷入台风区，辐合上升，促使对流云系发展，宽度半径200 ~ 300 km，其主要特点是风速向中心急增，风力可达6级以上。

云墙区（近中心附近的强风区和暴雨区）：在台风眼外围，卷入气流越向台风内部旋进，切向风速就越大，在离台风中心的一定距离处，气流不再旋进，大量的潮湿空气被迫上升，形成环绕中心的高耸云墙，宽度半径100 ~ 200 km，是风和雨最强烈区域，破坏力最大。

台风眼：当云墙区的上升气流到达高空后，由于气压梯度的减弱，大量空气被迫外抛，小部分空气向内流入台风中心并下沉，造成晴朗的台风中心，形状一般呈圆形，也有椭圆形或不规则的，宽度半径10 ~ 60 km；台风眼经过的地区会突然变得风平浪静，暴雨骤止，并可持续20 min至1 h，是台风发展成熟的重要标志。

1.4.3　台风风圈

台风低层风场的结构特征可以用不同的风圈（12级、10级和7级）大小来描述，即在最大风速半径外，近地面风速衰减至32.7m/s、24.5m/s以及17.2 m/s时离台风中心的距离。一般来说，台风风圈距离与其强度成正比，台风强度越大，风圈半径越大。7级风圈表示台风主体环流所带来的大风的影响范围，一般以其半径来衡量台风尺度，风圈半径大多在200 ~ 300 km；10级风圈反映台风强风暴的影响范围，是台风防御的重要参考指标，风圈半径大多在100 km左右；12级风圈的出现意味着达到了台风级别，是判断台风强灾害范围和影响程度的重要依据，风圈半径大多在50 km左右。

由于台风周围气压分布的疏密程度不均匀，其风区的分布也是不均匀的，因此从形状上来看，台风风圈并不是规则对称的圆圈，如图1.6所示。

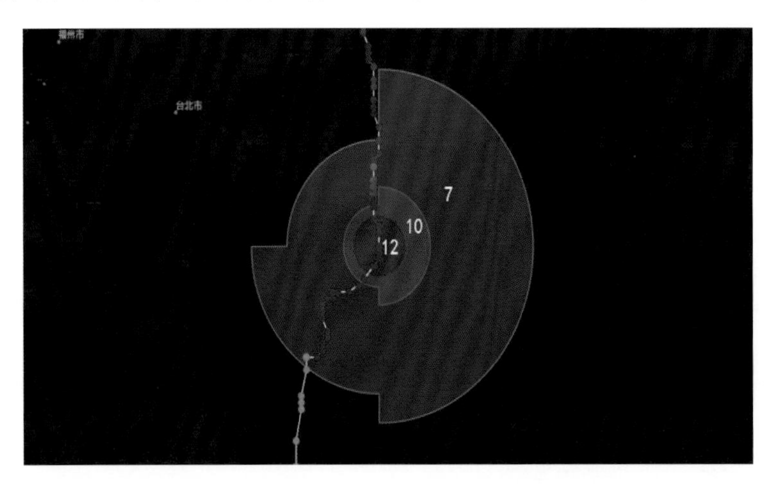

图1.6　台风7级、10级和12级风圈形状示意

西北太平洋上的台风大多活跃于副热带高压的西部到西南部。一般说来，与高气压相邻的一侧风速大，范围广，海浪高；相反，与低气压接近的一侧风速小，大风区狭小，海浪较低。在北半球一个台风自东向西（或西北）移动时，由于台风前进方向的右侧与西北太平洋的副热带高压相邻，所以右侧风圈一般要大于左侧风圈。

同时由于上述原因，也导致台风路径右侧半圆内风力较强，被称为“危险半圆”；左半圆内风力较弱，被称为“可航半圆”，如图1.7所示。

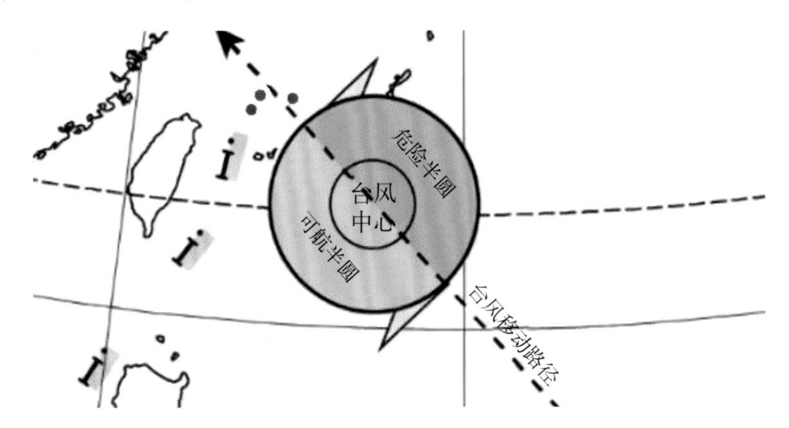

图1.7　台风区危险半圆示意

1.5　台风路径

1.5.1　台风源地

西北太平洋台风的源地在经度和纬度方面都存在着相对集中的地带，包括南海、菲律宾群岛以东、马里亚纳群岛附近以及马绍尔群岛附近（图1.8）。在南海生成的台风习惯被称为土台风，在南海之外的西北太平洋地区生成的台风也对应称为洋台风。

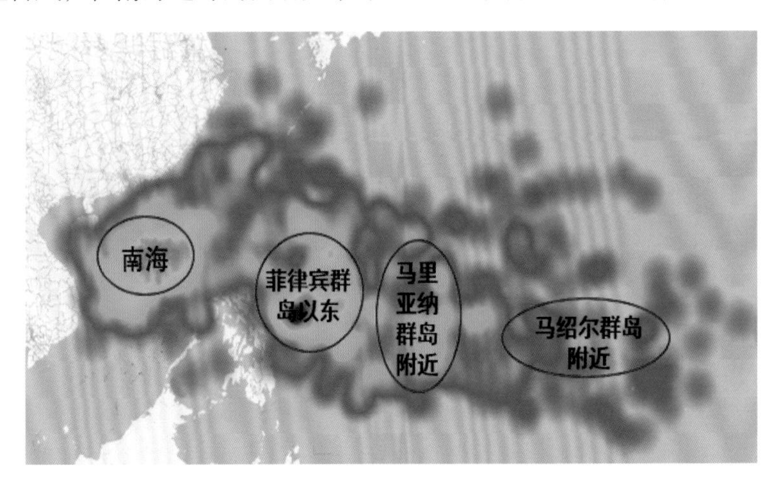

图1.8　西北太平洋台风源地的概率分布

1）南海

南海台风（土台风）是由南海生成的热带低压和从太平洋中移入南海的热带低压发展而成，通常在每年的4—11月生成，尤其是6—9月生成最多。南海台风一般具有如下特点。

（1）形成发展快：土台风一旦形成，发展速度很快，生成时间较短的只需要数小时。

（2）外围风速大：土台风一旦形成，其特有的外围形势场造成外围的风速大，有时甚至超过中心风力。

（3）生命周期短：土台风从生成到消亡，其生命史平均只有两天左右的时间。

（4）水平范围较小，垂直高度较低：土台风的半径一般为300～500 km，最小的不到100 km，垂直高度一般为6～8 km。

（5）强度偏弱：与西北太平洋生成的洋台风相比，土台风的强度较弱，中心气压一般在980～990 hPa，风力大多小于12级，但极个别的达到12级以上。如1995年在南海生成的14号台风“赖恩”，中心附近最大风速65 m/s，达到了超强台风级别；2013年第21号台风“蝴蝶”，其中心附近最大风速45 m/s，达到了强台风级别。

2）菲律宾群岛以东

菲律宾群岛以东洋面是西北太平洋上台风发生最多的地区，全年几乎都会有台风发生。1—6月，台风主要发生在15°N以南的萨马岛和棉兰老岛以东的附近海面；6月以后发生区向北伸展；7—8月，台风发生在菲律宾吕宋岛到琉球群岛附近海面；9月，又南移到吕宋岛以东附近海面；10—12月，又移到菲律宾以东的15°N以南的海面上。如2014年生成的超强台风“威马逊”两度在近海急剧增强，给菲律宾和我国的海南、广东、广西等地区带来严重损失。

3）马里亚纳群岛附近

关岛以东的马里亚纳群岛附近，1—5月很少有台风生成，7—10月在群岛四周海面均可能有台风生成，6月、11月和12月台风主要发生在群岛以南附近海面。如2021年7月的第6号强台风“烟花”和第8号台风“尼伯特”都发源于此，如图1.9所示。

4）马绍尔群岛附近

马绍尔群岛在太平洋深处，临近国际日期变更线，台风发生最频繁时期是10月。在台风“旺季”过后，偶有强大的台风影响我国。如2013年的超强台风“海燕”于11月3日形成，在登陆菲律宾时创造了登陆风速的最高纪录，随后北上袭击我国海南并进入广西，给当地带来了严重损失，如图1.10所示。

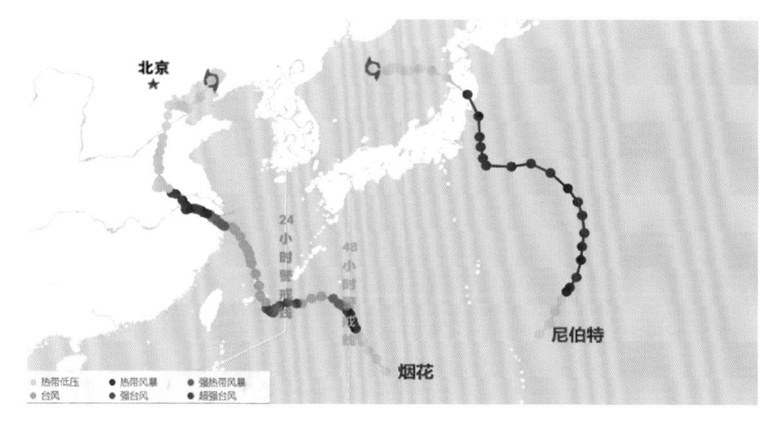

图1.9　台风“烟花”和台风“尼伯特”

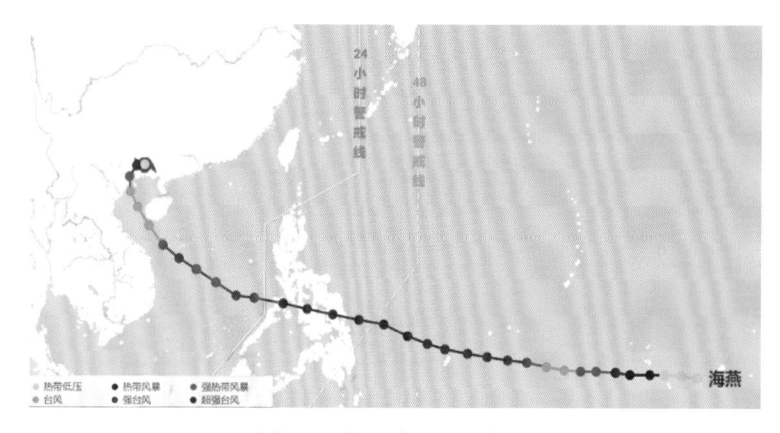

图1.10　超强台风“海燕”

1.5.2　台风移动路径影响因素

台风的移动主要靠两种力：一种是内力，另一种是外力。内力是由于在北半球台风是逆时针方向旋转着的空气，在旋转时空气质点的移动方向要受到地球自转的影响，台风会更偏向高纬度的一侧移动，即向北移动。外力是指在夏秋之际太平洋上的副热带高压对台风移动路径的影响。由于台风大多产生于副热带高压的南缘，当副热带高压强大而稳定时，台风会沿着副热带高压边缘的气流移动，位于副热带高压南侧的台风将受其边缘东风气流的引导而向西移动，路径稳定（图1.11A）；但如果副热带高压的强度不强，台风移动到其西南侧时，将迫使副热带高压东移，台风也有可能因此转而向北移动（图1.11B）；当台风绕到副热带高压西北边缘，在西南风影响下，台风可能向东北方向移动；另外，台风还可使较弱的副热带高压断裂，并从其中间穿过北上（图1.11C）。

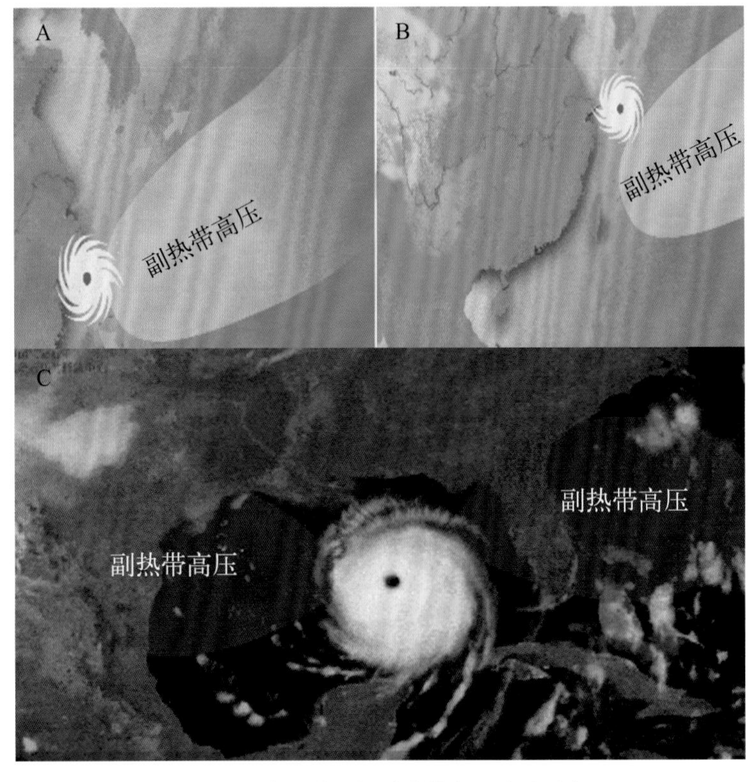

图1.11　台风路径与副热带高压关系示意

台风的路径有时还会受到其他台风的影响，如双台风或多台风现象，移动路径可能出现打转、停滞。如1986年的台风“韦恩”、1991年的台风“耐特”和2001年的台风“百合”等。台风“百合”生成后，在我国台湾省的北部海面转了一圈半后在宜兰附近登陆，给当地带来了严重的灾害和极大的损失，如图1.12所示。

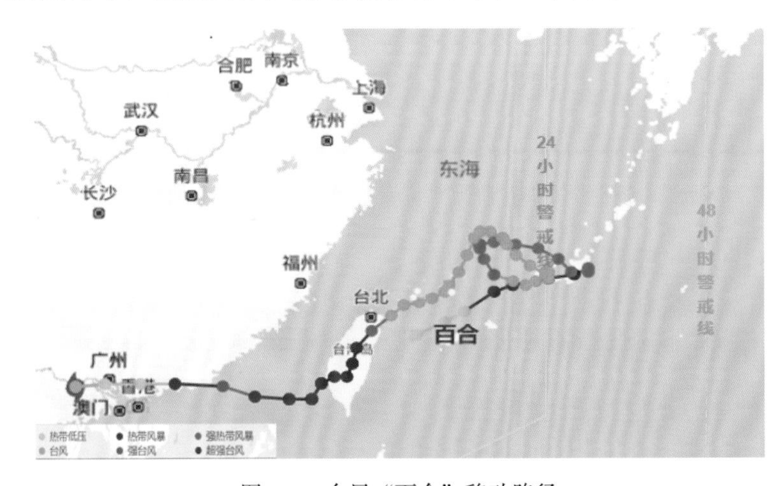

图1.12　台风“百合”移动路径

1.5.3　台风典型移动路径

台风的路径尽管是千变万化的，但在相似形势和条件的影响下，有其共同的特征。根据主要特点，可将西北太平洋台风的基本路径概括为西移路径、西北移路径和转向路径三类，如图1.13所示。

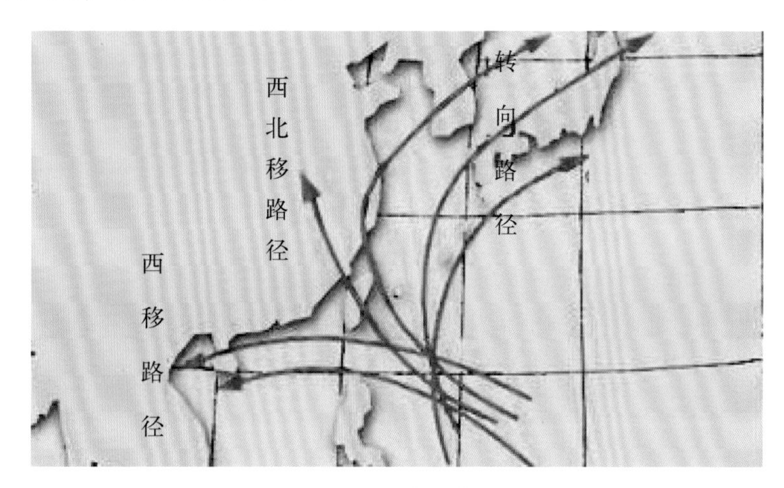

图1.13　西北太平洋台风典型移动路径

1）西移路径

由于受到副热带高压的影响，台风生成后往西北移动，深厚的偏东气流会引导台风一直向偏西方向移动，直至在广东西部沿海、海南岛或越南一带登陆。沿此路径移动的台风，对我国海南、广东、广西沿海地区影响最大。

2）西北移路径

台风生成后如受到西北向东南的风影响，向西北方向移动，经巴士海峡登陆台湾，再穿过台湾海峡向广东东部或者福建沿海靠近。如果台风的起点纬度较高，就会穿过琉球群岛，在我国浙江、上海、江苏等沿海登陆，甚至到达山东、辽宁一带。沿此路径移动的台风对我国台湾省、广东省和福建省影响最大，多见于7月下旬到9月上旬。

3）转向路径

台风生成后向西北方向移动，一旦遭遇副热带高压或西风槽的阻挡，就会转向东北，向朝鲜半岛或日本方向移动。这种转向台风又可以分为东转向、中转向和西转向三类。西转向类台风对我国的影响比较大也是最常见的路径，特别是到了近海才向西转的台风，在我国沿海地区登陆后，转向东北，路径呈抛物线状，比较典型的如2021年第6号台风“烟花”（图1.14）。沿此路径移动的台风对我国东部沿海地区影响最大，多发生于夏季和秋季，只是转向点的纬度因季节而异，盛夏在最北，其余季节逐步南移。

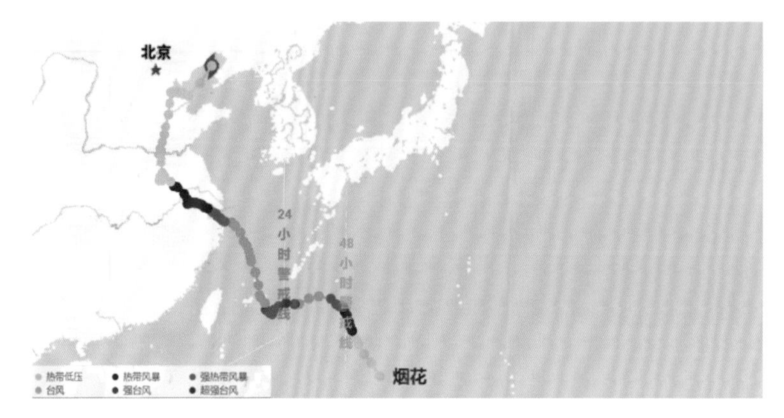

图1.14　台风“烟花”移动路径

1.6　台风命名

1.6.1　命名方法

台风命名法，亦被称为西北太平洋和南海热带气旋命名系统，是由热带气旋形成并影响的周边国家和地区事先共同制定一个命名表，然后按顺序年复一年地循环重复使用。命名表首先给出英文名，各个成员可以根据发音或意义将命名译至当地语言。

在热带气旋的命名上还做了具体规定，包括每个名字不超过9个字母，容易发音，在各成员语言中没有不好的意义，不会给各成员带来任何困难，不是商业机构的名字，选取的名字应得到全体成员的认可等。

从2000年1月1日起，中国中央气象台发布台风警报时，除使用编号外，还使用台风的名字。此前，我国一直采用热带气旋编号办法。

1.6.2　台风除名

当某一名称的台风对某个或多个成员造成巨大损失后，遭遇损失的成员可以向世界气象组织提出上诉，经台风委员会批准后将该名称永久删除并停止使用，并由原提供者推荐的新名称进行增补。需要注意的是尽管我国台湾省每年皆会受台风侵袭，但由于台湾省气象台不是世界气象组织的成员，不仅无法提供台风名称，也无法提出退役要求。

2000—2021年，已有51个台风被除名。2001年第26号台风“画眉”，虽然不是很强，但它是有史以来最靠近赤道的台风，所以被从命名表中删除，成为新的命名规则实行以后第一个经使用后除名的台风名称。2005年第19号台风“龙王”，给我国华东地区造成巨大的损失，经申请从命名表中删除，成为中国内地提供的台风名称中最先除名的一个。

1.7　台风监测与预报

1.7.1　台风监测

台风生成于热带海洋上，但由于海洋面积辽阔，气象站稀少，以往台风发生后很不容易发现，只有当台风移至岛屿或船只附近时才可发觉，然后将观测资料绘于天气图上，随时比较观察，才能判断台风的位置、强度、行进路径。随着科技的进步，针对台风监测已经建立了包括气象卫星、气象雷达、高空探测（台风飞机、无线电探空仪）、地面自动气象站以及海洋浮标等在内的海-陆-空立体化监测体系，能够对台风开展全方位的实时观测，为台风预报预警提供第一手资料，其中气象卫星和天气雷达在台风早期监测中发挥着重要的作用。

1）卫星监测

卫星监测数据帮助人们更清楚地了解台风的形成、发展、移动路径等许多科学问题，更能够在早期发现并准确地测定台风的位置和强度，从而预测它的移向、移速和发展变化。

卫星云图是由气象卫星自上而下观测到的地球上云层覆盖和地表面特征的图像，接收的卫星云图主要有红外线云图、可见光云图及水汽图等。通过卫星云图的形态、结构、亮度和纹理等特征，可以识别大范围的云系，并用以推断锋面、温带气旋、热带气旋，高空急流等大尺度天气系统的位置和特征。

红外线卫星云图（图1.15）：利用卫星上的红外线仪器来测量云层的温度，一般温度越低，高度越高的云层，图上的色调越白，反之色调越黑。

图1.15　风云4A红外线卫星云图

可见光卫星云图（图1.16）：利用云顶反射太阳光的原理制成，一般比较厚的云层反射能力强，会显示出亮白色，反之则显示暗灰色。由于可见光云图的亮度和色调取决于云的性质和太阳高度角，同时夜间又拍不到，故受到一定的限制。

图1.16　风云4A可见光卫星云图

水汽卫星云图（图1.17）：一般大气中水汽含量越多，吸收来自下面的红外辐射就越多，到达卫星的辐射就越少，图上显示色调越白，反之就越暗。

图1.17　风云4A水汽卫星云图

真彩色合成云图（图1.18）：气象卫星通常有多个反射通道接收不同频率的信号，选取3个反射通道信号通过合成算法进行处理，合成符合人眼视觉效果的真彩色合成图像。

图1.18　风云4A真彩色合成云图

2）雷达监测

气象雷达以其高时空分辨率、及时准确的遥感探测能力，在台风监测预警方面成为极为有效的工具。借助雷达监测网络，不但可以及时掌握台风最新动向和强度的变化，还可分析台风强降雨和强风的发生发展信息。

气象雷达回波图是通过雷达探测并接收由雨、云等降水粒子产生的雷达回波，分析判断云雨区结构和变化后所形成的图像信息。在气象雷达图上，从蓝色到紫色的渐进变化，代表回波强度由小到大，降雨强度也逐渐增强，如图1.19所示。

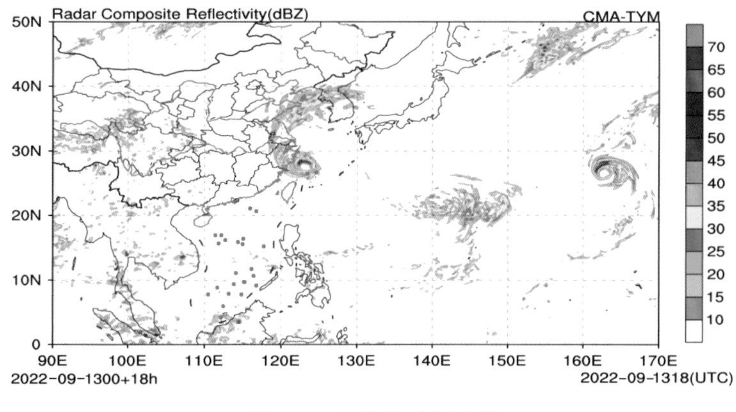

图1.19　气象雷达回波图

1.7.2　台风预报

台风预报主要依赖于数值预报技术的发展和改进。20世纪80年代以来，随着数值预报技术的发展、计算能力的大幅提升以及观测体系的不断完善，台风预报结果的有效性和准确率取得了突破性进展。台风预报主要采用确定性预报和集合预报两种方式，尤其是集合预报已成为目前最行之有效的方法。目前，发达国家的全球模式分辨率普遍提高到10～25 km，达到了全球中尺度模式的水平（表1.2），全球中期集合预报业务模式水平分辨率约30 km，大幅提高了台风预报的精度。我国目前已经建成了国家级、区域中心和省级台风路径数值预报业务体系，该体系包括全球台风路径预报模式、区域台风路径预报模式以及台风路径集合/集成预报系统等，大大提高了我国台风业务的预报能力，台风预报路径误差呈现逐年减小的趋势，24 h路径数值预报误差缩小到60 km，达到国际先进水平。

表1.2　国内外热带气旋数值预报业务模式技术特点

预报系统	模式类型	模式分辨率	同化方案	预报时效
ARPEGE(法国)	全球谱	10 km，70 层	4DVAR	102 h
ECMWF IFS(欧洲)	全球谱	16 km，137 层	4DVAR	240 h
JMA GSM(日本)	全球谱	20 km，100 层	4DVAR	264 h
NCEP GFS(美国)	全球谱	23 km，64 层	Hybrid 3DVAR	384 h
UKMO Unified Model(英国)	全球格点	25 km，70 层	Hybrid 4DVAR	144 h
GDAPS(韩国)	全球谱	25 km，70 层	4DVAR	240 h
GMFS T639(中国)	全球谱	30 km，60 层	3DVAR	240 h
NCEP GFDL(美国)	区域格点	6 km，90 层	GFS analysis	126 h
ALADIN(法国)	区域谱	7 km，70 层	3DVAR	84 h
UKMO NAE(英国)	区域格点	12 km，70 层	4DVAR	48 h
RDAPS(韩国)	区域谱	12 km，70 层	3DVAR	84 h
GRAPES_MESO(中国)	区域谱	15 km，31 层	3DVAR	72h

1）确定性预报模式

确定性预报模式是用明确的函数来表达其数学关系，从某初值出发，反复地进行时间的数值积分求出预报时刻的预报值，得出明确预报判断，只有唯一确定的台风中心和路径。确定性预报模式由于其初始条件和模式本身的不确定性，随着时间的推移误差将逐步放大，导致台风中心预报误差范围逐步增大，因此除台风中心外，通常也给出中心可能出现的范围。

2）集合预报模式

集合预报（图1.20）是由一些相关性不大的初值出发而得到一组预报结果的方法，

通过把数个由不同的初始值计算得到的数值预报结果加以平均作为综合预报结果。集合预报是减小各种不确定性影响数值预报结果的有效方法，初期主要用于台风路径的研究，也有涉及台风强度、降水等方面。随着集合预报技术的发展，后来逐渐拓展到台风生成与发展的研究。国外在台风集合预报研究方面取得了令人鼓舞的成果，已由单一模式的集合预报发展为多模式超级集合预报。随着各大预报中心相继建立集合预报业务系统并不断提高分辨率，基于全球中期集合预报系统开展台风集合预报，成为台风集合预报发展的新趋势。

集合预报的优点在于其不仅可以通过集合平均预报以及概率预报延长确定性预报的可预报期限，同时也可以对预报误差进行定量估计，此外集合预报不仅有助于提高“预报质量”，还可以体现“预报价值”。

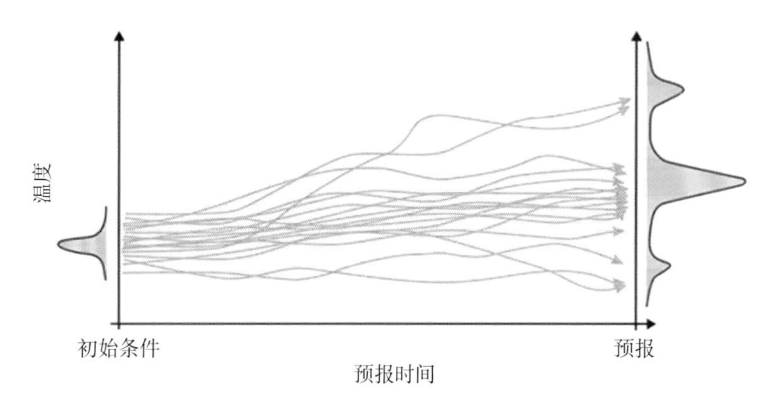

图1.20　集合预报原理示意

（1）路径集合平均：通过对台风集合预报中多成员结果路径的各个时刻点的中心坐标进行加权平均，获取当前时刻点多成员的平均位置，由于计算平均的过程中能把不可能预报的随机信息过滤掉，集合平均预报通常比单个预报，甚至比用更高分辨率数值模式所产生的单个预报准确，如图1.21所示。

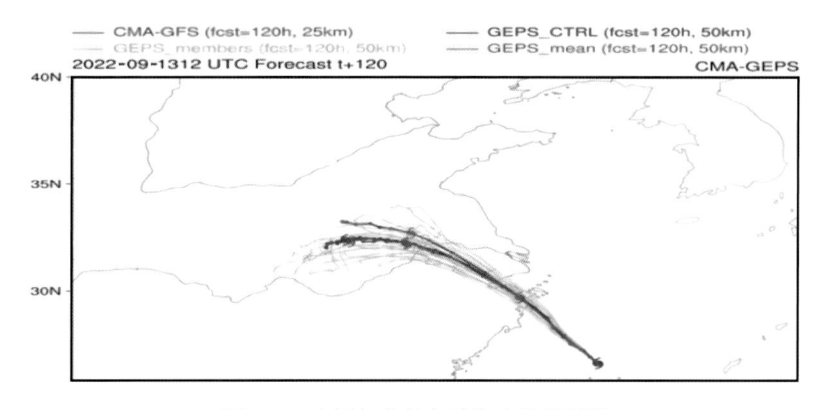

图1.21　中国气象局台风集合路径预报

（2）概率预报：通过对集合预报多成员的台风中心点位或中心路径开展点密度或线密度计算，使用多成员预报结果的空间密集程度来表征某一区域网格的发生概率。点、线空间密集程度越高，台风中心路径经过此区域的概率越大（图1.22），反之亦然。

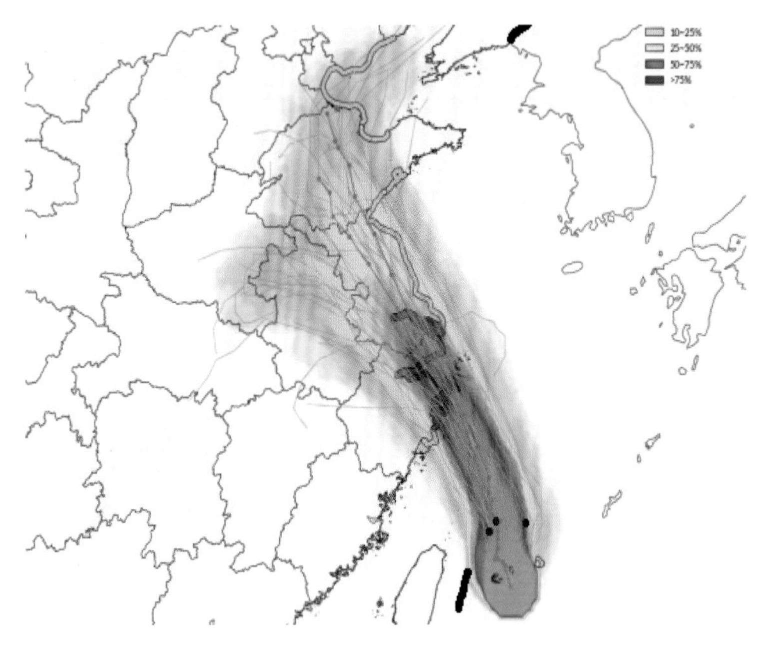

图1.22　欧洲中期天气预报中心集合概率预报

（3）多预报模式集成（图1.23）：综合多家模式的预报结果，通过“集众家之所长”从而提取更有代表性意义的确定性预报结果或预报概率。与基于单一预报模式的集合预报相比，多模式集成预报更加倾向于后处理统计的环节，而且在预报的修正方面有着更为广泛的应用。

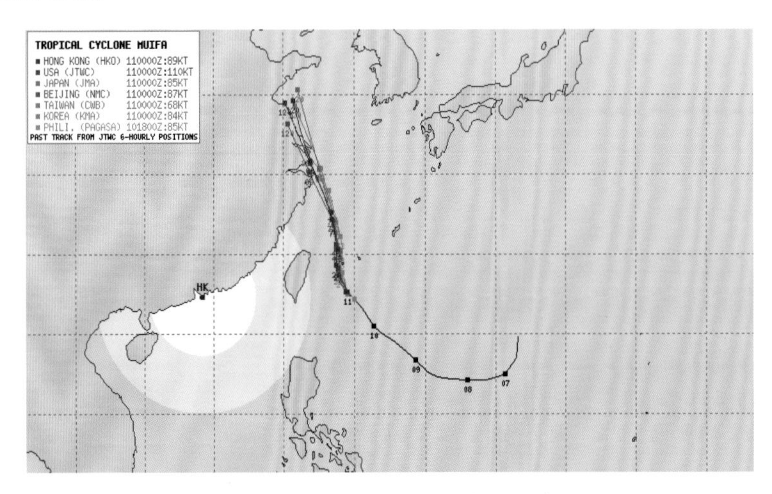

图1.23　多台风模式预报结果集成综合展示

1.7.3　台风监测预报识别解析技术

1）等高面上的等压线

等压线（图1.24）是把在一定时间内气压相等的地点在平面图上连接起来的封闭线，显示相同高度下空间气压的高低分布状况，借此分析同一水平面上气压分布的状况。等压线越密，气压梯度越大，对应的水平气压梯度力越大，空气流动速度就越大。平均海平面气压（MSLP）是单位面积上从海平面到大气上界空气柱的重量，通常作为近地面气压标准使用。

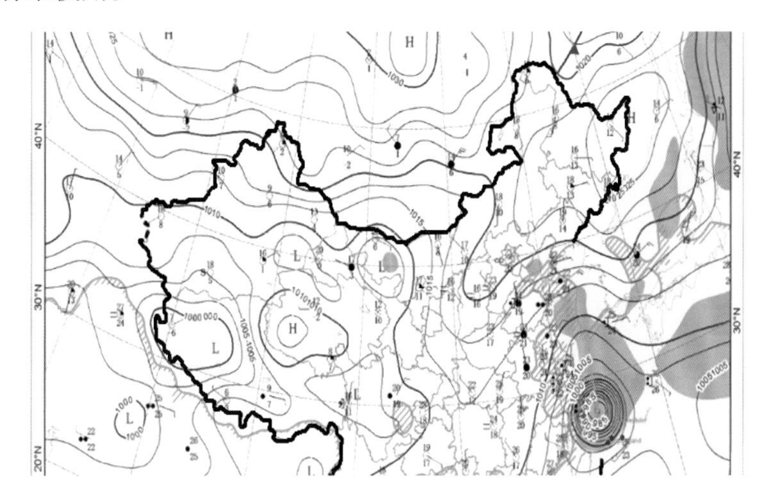

图1.24　中国气象局发布的平均海平面气压图

台风区域大气压强分布中，中心气压很低，等压线近似圆形，气压梯度在台风眼周围最大。因此，在气象学中把台风的地面中心低气压值作为台风强度的指标，中心气压值越低表示热带气旋越强。

2）等压面上的位势高度

大气层中由于下垫面的热力状况不同导致各地气压不相等，因此等压面在空间上就不是平面，而是像地形一样高低起伏不平。等压面上的等高线则是空间某个气压值的等压面与高度间隔相等的若干等高面相截。用等高面将高低起伏不平的等压面投影到平面图上，构成等压面上的等高线分布（图1.25）。我们可以看出等高线的高值区对应着等压面的上凸区，而等高线的低值区对应着等压面的下凹区。

在重力场中任一高度上，单位质量空气相对于海平面所具有的位能所表征的高度称为重力位势高度，简称位势高度，通常以位势米（gpm）为单位。台风为低压中心气旋，等压面上位势高度越低、位势高度线越密集，说明台风生成概率和强度越大。平均气压与位势高度的对应关系见表1.3。

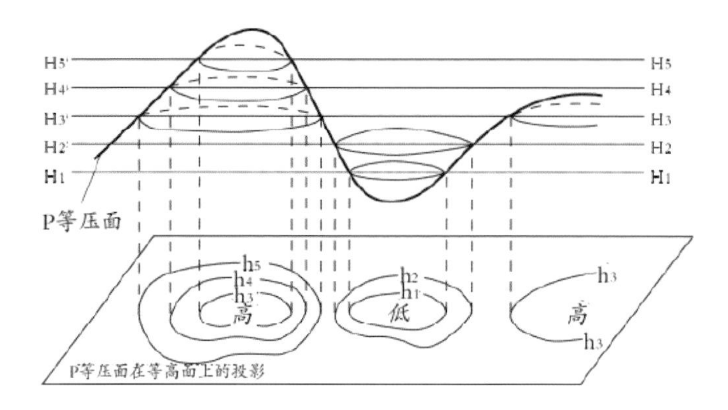

图1.25　等压面上的等高线

表1.3　平均气压对应的位势高度

压力（hPa）	850	700	500	400	300	200	100
位势高度（gpm）	1 500	3 000	5 500	7 000	9 000	12 000	16 000

通常使用500 hPa位势高度和平均海平面气压等压线同时表征台风气压图，如图1.26所示，以平均海平面气压等压线描述海平面压力分布情况，以不同颜色描述500 hPa等压面的位势高度分布。平均海平面气压等压线中心压力越低，等压线越密集，说明台风强度越大。

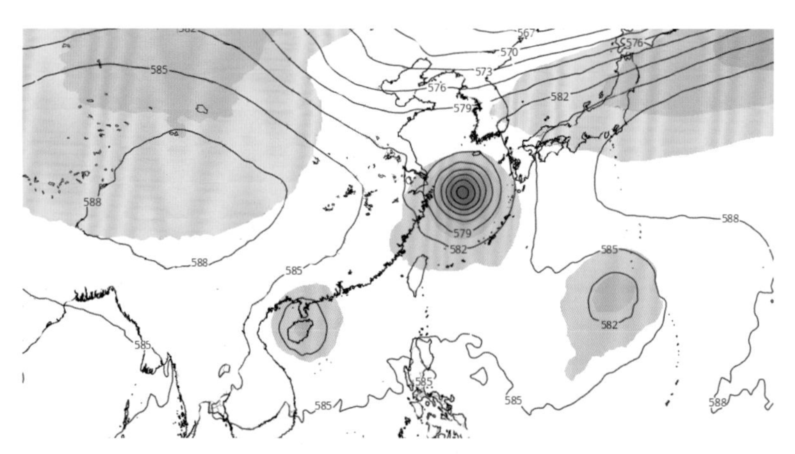

图1.26　欧洲中期天气预报中心500 hPa等压面的位势高度图

通过对时间序列的气压图（图1.27）进行低压中心识别、等压线的识别、风速和风向反演就可有效地预测台风中心路径的未来走向和风场分布影响情况，进一步制作台风相关的中心路径、风圈、风场等图表。

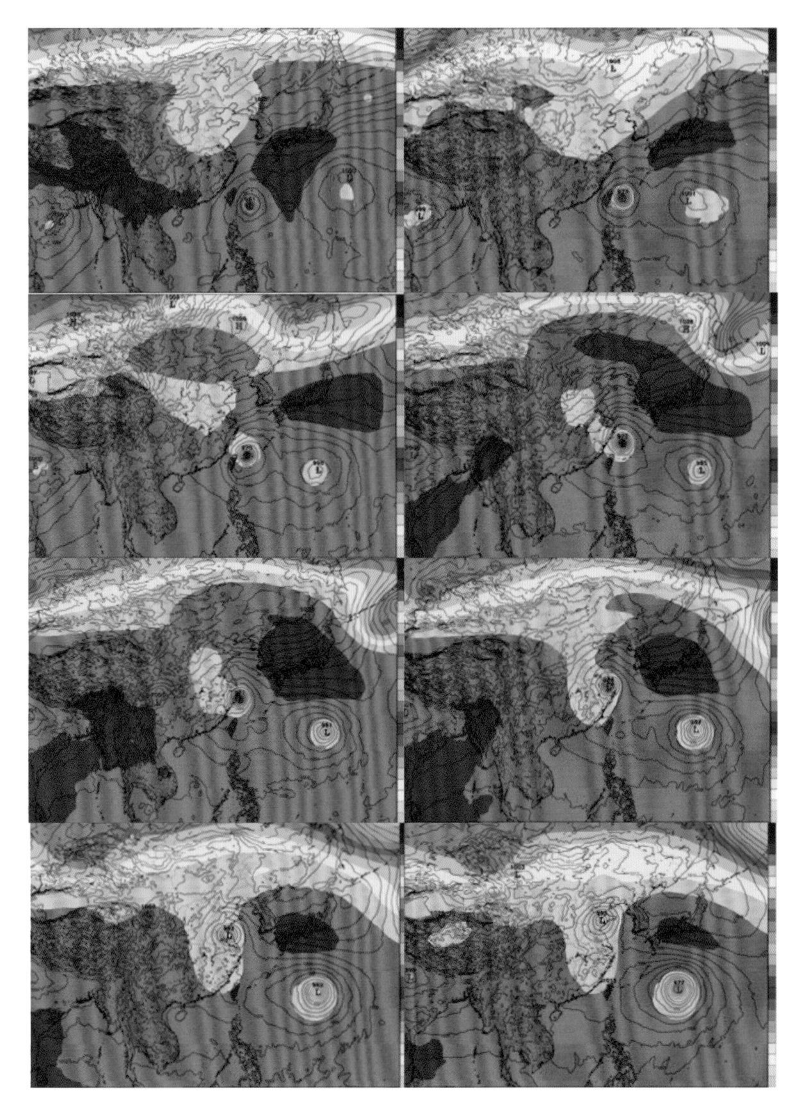

图1.27　欧洲中期天气预报中心500 hPa位势高度的平均海平面气压时序图

3）副热带高压

由于太阳辐射和地球自转产生的地转偏向力，南、北半球的副热带地区均存在一条高压带，其强度、范围和结构的变化与我国的天气有着极其密切的关系。我们熟知的副热带高压是指位于西北太平洋的高压单体，它常年存在，是一个稳定而少动暖性深厚的天气系统。太平洋副热带高压大多情况下呈东西扁长形状，中心有时有数个，有时有一个，如图1.28所示。

588线是在高空500 hPa等压面上（大约5.5 km高空）绘制的一条等位势高度线，这条等值线围起来的区域就是预报员常常提到的气象名词“副热带高压”，如图1.29所示。

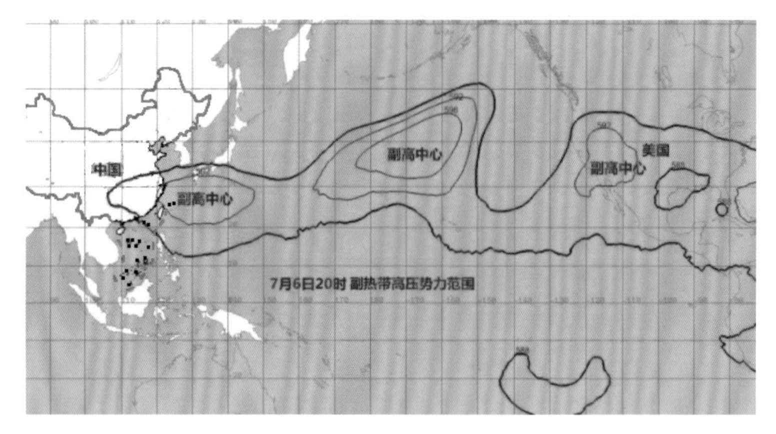

图1.28　副热带高压势力分布

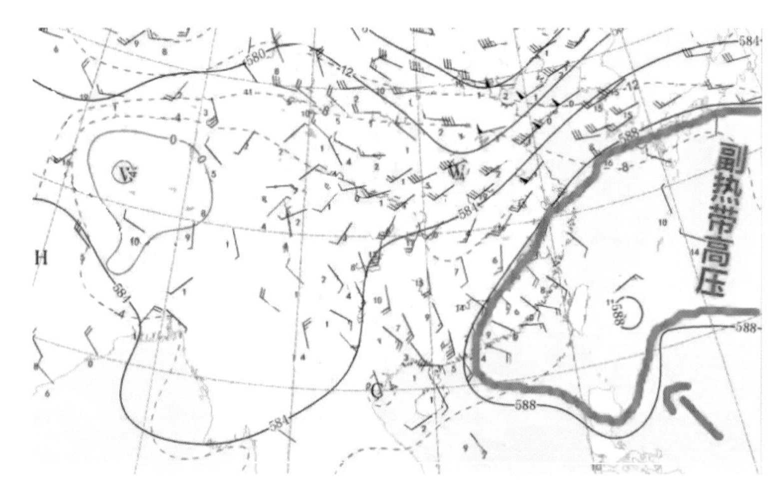

图1.29　588位势高度线表征的副热带高压示意

1.8　我国台风预警

1.8.1　台风警报等级划分

当在赤道以北、105°—180°E范围内出现8级以上强度的热带气旋时，中央气象台开始对该热带气旋进行编号和命名，每隔3 h发布一次热带气旋中心的定位。按照台风与大陆海岸线距离不同，划分为48 h警戒线和24 h警戒线（图1.30），其中48 h警戒线距我国大陆海岸线750 ~ 900 km，24 h警戒线距我国大陆海岸线400 ~ 450 km。

台风警报在热带气旋中心进入48 h警戒线内发布，表示热带气旋可能在48 h内登陆我国。台风紧急警报在热带气旋中心进入24 h警戒线内发布，表示热带气旋可能在24 h内登陆我国。

图1.30　我国台风警报警戒线

1.8.2　台风预警等级划分

台风的预警等级按照影响时间和可能的影响风力分为蓝色预警、黄色预警、橙色预警和红色预警，具体预警等级信息见表1.4。

表1.4　台风预警等级信息

预警信号	含义	防御指南
	24 h内可能或者已经受热带气旋影响,沿海或者陆地平均风力达6级以上，或者阵风8级以上并可能持续	进入台风戒备状态：加固门窗和临时搭建物，妥善安置室外物品；户外作业人员做好防风准备，视情况暂停作业；处于危险区域和海上作业人员适时撤离，船舶及时回港避风或采取避风措施
	24 h内可能或者已经受热带气旋影响,沿海或者陆地平均风力达8级以上，或者阵风10级以上并可能持续	进入台风防御状态，启动防风应急响应：托儿所、幼儿园和中小学停课；市民应紧闭门窗，安置易受大风影响的室外物品；停止户外作业和活动，人员就近到安全场所暂避；滨海浴场、景区、公园、游乐场应适时停止开放
	12 h内可能或者已经受热带气旋影响,沿海或者陆地平均风力达10级以上，或者阵风12级以上并可能持续	进入台风紧急防御状态：中小学校、幼儿园、托儿所停课；人员避免外出，危险区域人员立即撤离；停止大型集会，滨海浴场、景区、公园、游乐场停止开放；加固港口设施，落实船舶防御措施；用人单位视情况停工，为滞留员工提供避险场所
	6 h内可能或者已经受热带气旋影响，沿海或者陆地平均风力达12级以上，或者阵风达14级以上并可能持续	进入台风特别紧急防御状态：中小学校、幼儿园、托儿所停课，并妥善安置寄宿学生；建议用人单位停工（特殊行业除外），为滞留人员提供安全的避险场所；停止户外作业，人员切勿外出（当台风中心经过时风力会减小或者静止一段时间，应保持戒备和防御，以防台风中心经过后强风再袭）

第2章

台风对海上石油设施的影响及对策

2.1 概述

台风已成为海洋石油工业面临的最严重的自然灾害，其带来的损失不只是对油气设施的摧毁或破坏，每次灾害的来临都将导致大量油气田停产，油气产量大幅下降，甚至造成油价波动。

海上石油设施在服役过程中长期承受着风、浪、流、冰和地震等多种环境荷载的作用。海水腐蚀、海生物附着和构件缺失以及疲劳等各种损伤都将导致海洋平台结构局部构件或整体抵抗外力的能力减弱。在恶劣海况下，损伤范围可能会进一步增大。

在台风的作用下，海上石油设施如固定平台上的设备、系泊系统以及工程船舶等容易出现异常，对设施正常运行造成影响。如系泊缆断裂或系泊锚走锚会使海上浮式设施或船舶失去控制，甚至倾覆。如因台风造成部分设备损坏（图2.1），则会对正常油气作业造成影响。

图2.1　固定平台上的设备受台风影响破坏

历史上因台风导致的海上石油设施损毁事故时有发生。我国海上油气田每年都受到台风的威胁，严重影响海上作业安全和油气产量，甚至造成人员伤亡。如1983年的“爪哇海”号钻井船受台风影响沉没事故、2006年台风“珍珠”造成“南海胜利”号浮式生产储油装置（FPSO）的锚链断裂事故、2009年台风“巨爵”造成“南海发现”号FPSO的4根锚链以及输油软管发生断裂等，此外近几年因台风造成的船舶走锚等事故也有发生。在墨西哥湾，因飓风造成海上石油设施倒塌事故给人们留下深刻教训。据统计，1961—2008年期间，墨西哥湾由于飓风影响导致的平台损毁数量达268座，其中60年代摧毁平台28座、70年代摧毁平台5座、80年代摧毁平台3座、90年代摧毁平台40座、2000—2008年摧毁平台192座。

2.2　台风对海上石油设施影响及应对措施

台风由于自身风力很大，会对附近的海上石油设施产生风载荷的作用，还可以通过波浪载荷、海流载荷、暴雨甚至是风暴潮对海上石油设施产生影响。

据观测一个中等强度的台风，在离台风中心900 km外，仍然保持3 m左右的浪高。台风对海流的作用也是十分强烈的，在最大风速出现6～8 h后，海流出现最大流速，其平均速度比通常情况下海流平均值大2倍以上。暴雨是与台风相伴而生的，这是因为台风的热能来源于热带的温度较高的洋面蒸发的水汽，这些水汽从气态变为液态会释放大量的能量并转换为动能，所以台风期间有大量的液态水降落形成暴雨。台风风暴潮的特点是来势猛、速度快、强度大、破坏力强。

风载荷主要作用于类船舶设施吃水线以上或类平台设施水面以上的部分，是最容易导致风险的致灾因子。一般来说，风速越大，海上石油设施高度越高，海上石油设施受力越大，对其影响越严重。台风带来的极端风载荷是导致海上设施甲板构件失效的重要因素，其与极端波浪载荷的联合作用可能造成固定平台倾覆。

波浪载荷主要作用于类平台设施水面以下至海底以上的部分以及类船舶设施吃水线以下部分。波浪对固定平台桩腿产生持续冲刷，会加快其腐蚀、应力疲劳甚至结构缺陷的进程，巨浪也可能会对平台甲板产生冲击，从而造成平台倾斜、倾覆的灾难。据分析，墨西哥湾飓风摧毁的固定平台大部分是由波浪载荷造成的。对于船舶和海上浮式生产设施来说，波浪会使两者产生剧烈的摇晃，严重时会发生翻沉事故。

海流载荷对海上石油设施的影响主要表现为冲击力和绕流拖曳力。当海流以一定速度遭遇海上石油设施时，其对海上石油设施必然产生冲击力。绕流拖曳力由摩擦拖曳力和压差拖曳力两部分组成，由于流体的黏性在海上石油设施表面形成边界层，在此边界层范围内流体的速度梯度很大，摩擦效应显著，会产生较大的摩擦切应力；边界层在设施表面某点处分离，在设施后部形成很强的旋涡尾流，使得后部的压强大大低于前部的压强，于是形成前后部的压力差，也产生了一个力的作用。

暴雨对海上石油设施的影响主要包括配电箱在内的带电部位，因此在台风经过时，应对这些部位进行重点检查。

台风中心气压常比正常气压值低，这可以使海水潮位抬升，与天文大潮叠加时，会导致大范围风暴潮，对海上石油设施构成威胁。

2.2.1　固定平台

台风对固定平台的破坏从平台结构上可划分为甲板上部结构破坏、桩腿破坏和桩基破坏。当台风过境平台海域时，水面以上的部分主要受到大风的作用、水中的部分受到浪和流的影响，巨浪也可能会对平台甲板产生冲击，在各种力的叠加下对伸入土壤中的桩腿形成一定作用力，严重时会导致土层断裂，造成平台倾覆，如图2.2所示。

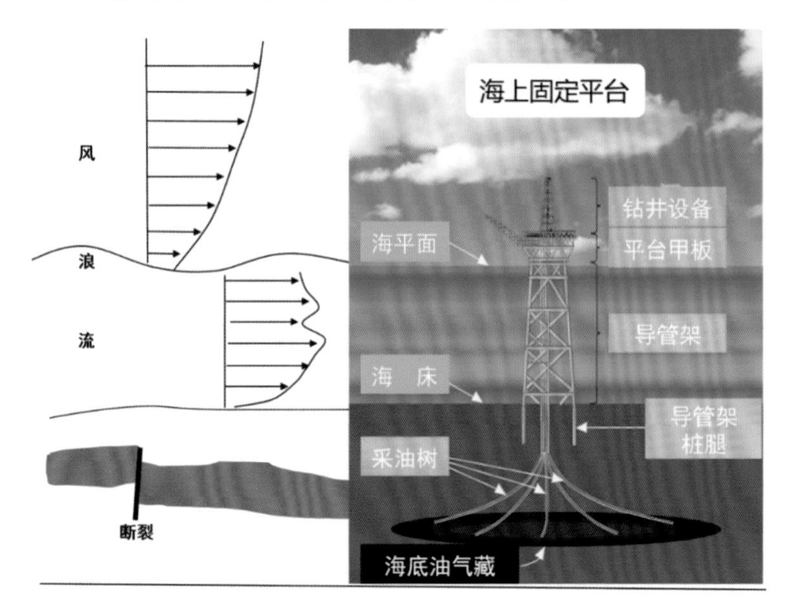

图2.2　台风对固定平台的影响示意

1）甲板上部结构破坏

甲板上部结构的破坏包括甲板横梁扭曲、过程控制装置破坏、栅栏或楼梯的移位破坏（图2.3）、平台生活区破坏、直升机甲板破坏、火炬塔破坏、起重机架破坏等。

图2.3　固定平台的栅栏和楼梯受台风影响破坏

2）桩腿破坏

桩腿破坏包括屈曲、凹陷与断裂，通常出现在壁厚发生变化的过渡横截面。在台风引起的超强波浪载荷对平台桩腿来回冲击下，该横截面的刚度发生较大变化最终导致桩腿断裂，如图2.4所示。

图2.4　平台桩腿受台风影响破坏

3）桩基破坏

桩基破坏最本质的原因就是桩的入泥深度不够，未能承受台风引起的侧向载荷导致平台倾斜（图2.5）。固定平台被摧毁的主要原因就是桩基破坏，桩基一旦破坏，平台基本报废。此外，在施工中如有灌浆泄漏的情况，将会导致桩腿环形空间不能充满而使得强度不够，也会对平台的抗风能力造成影响。

图2.5　桩基破坏后导致平台倾斜

此外由于海洋生物的附着致使平台桩腿的受力面增加，导致波浪载荷增大，从而使得平台损毁的可能性增大，因此必须及时清理。

2.2.2 海上浮式设施

对于半潜式生产平台、半潜式钻井平台和浮式生产储油装置（FPSO）等系泊式海上浮式设施来说，台风危害尤为严重。台风影响下浮式设施风险分析见表2.1，可以看出，海上浮式设施的系泊系统受台风影响风险较大，后果严重，需要高度重视。

表2.1 台风影响下海上浮式设施风险分析

类别		风险源	事故位置	影响程度	可能产生的原因
系泊系统	系泊缆	断裂	系泊点	严重	巨浪使系泊缆产生缺陷
	系泊锚	走锚	系泊点	严重	巨浪和海底底质共同作用
甲板设备	吊车	吊钩和吊臂	吊车处	一般	事先未固定好
	救生艇、救生筏、舷梯	被风浪吹走	放艇处	严重	系缆未系紧，未固定好，整体设施摇晃
舱室	生活物资	储备不足	储存舱室	严重	对台风影响估计不足
	水密门	未密封进水	水密门口处	严重	锁紧装置损坏或未锁紧
	可移动桌椅	碰撞	各舱室	一般	未固定好
	备件和工具	碰撞或四处撒落	各作业舱室	一般	未放置妥当
	厨房餐具	碰撞或四处撒落	食堂	一般	未放置妥当
	机器设备	掉落	实验室	一般	未放置妥当
	人员	滑倒或碰伤	活动区域	严重	安全意识不够

1）FPSO

对于可解脱式FPSO，台风来临前要不要解脱是一个比较难以抉择的问题。由于台风的路径和发展变化的准确预测都比较困难，且FPSO移动速度比较缓慢，解脱避台需要提前很长的时间余量才能保证设施的安全，对生产所造成的影响太大，因此一般都采取不解脱的方式。对于不可解脱式的FPSO，在台风来临前需要在设施系泊荷载和本身稳定性之间综合权衡。一方面压载会导致FPSO的重心降低，从而有利于自身的稳定；但另一方面由于系泊力的大小与自身质量密切相关，压载势必会加大系泊载荷。因此需根据FPSO的具体情况和台风预报情况对其压载进行优化。总的来说，由于系泊载荷是不可解脱式的FPSO应对台风的主要影响因素，因此尽可能对其储存的原油进行卸载。这样既降低了FPSO本身的系泊载荷，又降低了意外事故发生时造成的生态环境影响。

2）钻井平台

台风对钻井平台的危害较大，目前的应对措施主要是提前撤离，在台风到来前撤离至安全海域。对于深水尤其是超深水作业的钻井平台，由于台风预报路径和强度多变，实现提前撤离存在一定困难，因此必须制定有效的应对措施，降低台风对深水作业带来的风险。根据美国石油学会的调研结果，钻井平台船体部分在飓风中表现出了较高的安全性，仅有一座张力腿平台倾覆，但有23座移动式钻井平台的系泊系统部分失效或者完全失效。通常情况下改变吃水、调整锚链预张力、调整平台方位等均能起到一定的防台作用。

（1）改变吃水防台。李阳等以某座深水半潜式钻井平台为研究对象，用三维势流理论和时域耦合分析方法计算平台在不同吃水下的总体性能，研究表明通过增加3 m的吃水，可使平台最大锚链张力降低36.82 t，降幅达7.8%；安全系数增加0.14，增幅达8.1%；但平台的平均位移、最大位移、预张力和平均锚链张力变化均不大，具体数据见表2.2。

表2.2　不同吃水条件下钻井平台防台性能计算结果

吃水（m）	16.0	16.5	17.0	17.5	18.0	18.5	19.0
平均位移（m）	27.58	27.41	27.35	27.37	27.45	27.58	27.72
最大位移（m）	52.13	50.92	49.18	48.04	47.28	46.50	45.91
最大位移水深比（%）	10.43	10.18	9.84	9.61	9.46	9.30	9.18
预张力（t）	140.50	139.70	138.80	137.90	137.10	136.30	135.40
预张力破断载荷比（%）	17.24	17.14	17.03	16.92	16.82	16.72	16.61
平均锚链张力（t）	298.57	297.13	296.41	296.17	296.33	296.78	297.31
平均锚链张力破断载荷比（%）	36.63	36.46	36.37	36.34	36.36	36.42	36.48
最大锚链张力（t）	474.16	471.71	462.84	455.34	448.96	442.98	437.34
安全系数	1.72	1.73	1.76	1.79	1.82	1.84	1.86

（2）悬挂隔水管撤台。钻井隔水管是海底井口与钻井平台之间最脆弱、最重要的连接单元，极易受到恶劣天气条件的影响。朱高庚等研究表明台风环境下平台一旦发生失控漂移，隔水管系统等效应力最多在185.4 s便会超过限制。许亮斌等对南海深水钻井平台悬挂不同长度隔水管在不同环境条件下撤离防台进行了分析，结果表明钻井平台悬挂800 m、1 100 m和1 500 m的隔水管实施撤离时，环境条件为1年一遇、10年一遇和100年一遇的海流作用下，顺流方向可安全撤离的最大航速仅2.10 m/s，逆流方向可安全

撤离的最大航速仅为0.37 m/s，可为南海深水钻井平台现场防台作业提供参考依据，具体数据见表2.3。

表2.3　钻井平台悬挂不同长度隔水管撤离时的适用航速范围

悬挂管柱长度（m）	1年一遇海流（m/s）		10年一遇海流（m/s）		100年一遇海流（m/s）	
	0°航速	180°航速	0°航速	180°航速	0°航速	180°航速
1 500	0 ~ 1.43	0 ~ 0.18	0 ~ 1.58	不可行	0.20 ~ 1.65	不可行
1 100	0 ~ 1.60	0 ~ 0.26	0 ~ 1.72	0 ~ 0.06	0.17 ~ 1.82	不可行
800	0 ~ 1.80	0 ~ 0.37	0 ~ 1.97	0 ~ 0.14	0.11 ~ 2.10	不可行

2006年5月，在南海进行作业的某钻井平台隔水管由于受到台风“珍珠”的影响而发生断裂，致使隔水管分散横卧海底，后期打捞花费了大量的人力与物力。因此如钻井平台未能紧急避台，应优先将脱离后的钻井隔水管回收。

（3）改变钻井平台艏向防台。当台风突袭并且钻井平台无法及时撤离时，平台应尽量调整艏向，使平台艏向与波浪、台风入射方向的夹角尽量小，以尽量降低台风对钻井平台的影响。半潜式钻井平台防台艏向与波浪入射方向夹角示意见图2.6。

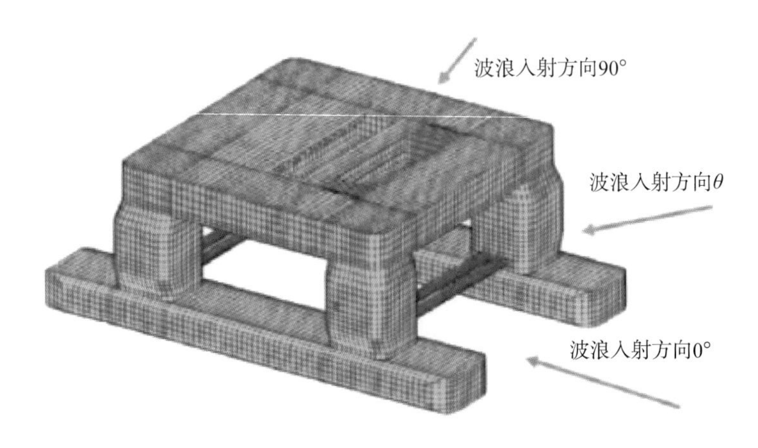

图2.6　半潜式钻井平台防台艏向与波浪入射方向夹角示意

（4）推进器辅助锚泊模式下半潜式平台锚地防台。深水半潜式钻井平台在锚地防台设计时不仅要考虑其锚泊系统的定位能力，还要综合考虑动力定位系统辅助时的最大抗风能力，从而确定最佳防台风应急措施。余承龙等研究表明推进器辅助锚泊（TAM）工作模式可提高钻井平台的综合抗风能力，目标平台考虑推进器辅助作用时，在锚地的抗风能力由12级提高至15级，如图2.7所示。

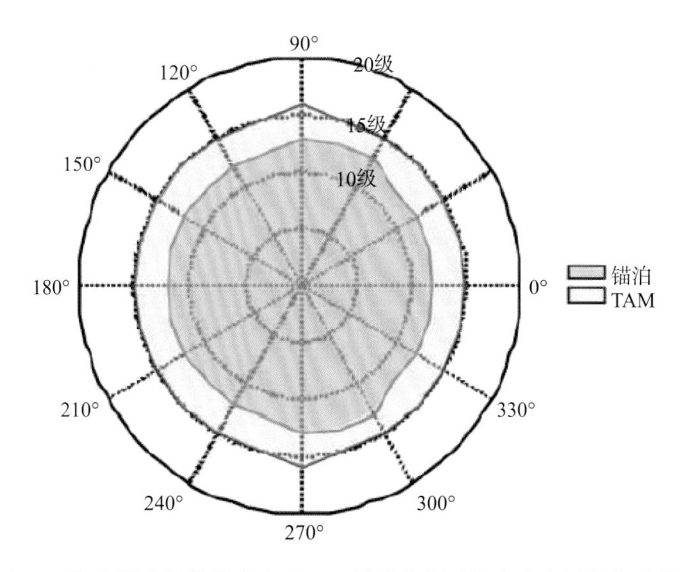

图2.7　某半潜式钻井平台有无TAM辅助作用时综合防台风能力比较

2.2.3　船舶

台风带来的狂风、大浪、暴雨、风暴潮等严重威胁海上船舶的安全，为了避免或减少台风可能导致的船舶碰撞、搁浅、沉没等事故，必须采取防避措施。总的来说，目前船舶应对台风主要包括锚地锚泊避台、码头系泊避台和海上航行避台三种方式。

无论哪种避台方式，选择安全的防台区域至关重要。在北半球台风风圈内，台风的右半圆受到副热带高压的影响，气压梯度较大，右半圆的风速较左半圆大，波浪也相对较高；右半圆的风向和台风移动路径接近一致，船舶容易被吹到台风中心的路径上去，一旦被吹进台风中心，就不易驶离；如果改变方向，多数台风是向右半圆转向的。因此，在北半球避台应选择台风的左半圆区域，尤其是第三象限（图2.8）。此外，避台的安全区域是相对的，要根据台风形势的发展，在不影响自身安全的条件下择机驶离台风影响海域。

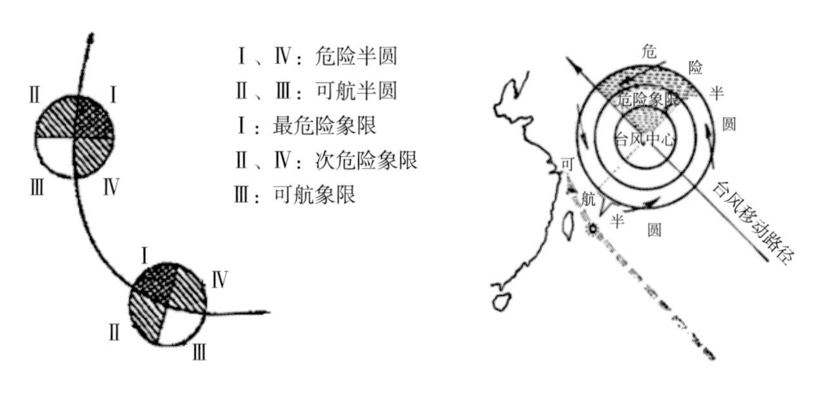

图2.8　船舶航行危险象限示意

1）台风对锚地锚泊避台的影响及应对措施

在锚地避台的船舶受风浪影响可能发生走锚、锚链断裂、船舶横摇等危险情形。船舶走锚、锚链断裂可能导致船舶搁浅、触礁或者碰撞事故；船舶横摇可能导致货物移位或船体设备受损。锚泊避台最重要的是选择适宜的锚位，应特别注意以下几个方面：所选锚地要能遮蔽强风袭击，防浪涌袭扰；锚地底质应选择泥、泥沙、沙底等良好底质；锚位水深尽可能大于船舶吃水的2倍以上；锚地应宽敞，水流宜缓；与周围船的安全距离尽可能保持日常锚泊值的2倍以上；锚位应离开航道、海底电缆，远离水中障碍物；最好有显著物标定位。

锚泊避台要确保主机、副机、锚机、舵机、锅炉处于正常工作状态，各排水孔通畅，水密设施保持良好。适时用车、舵配合抑制船舶的偏荡。用车时不要贸然使用高车速，也不宜使主机忽开忽停、车速忽高忽低，车速的高低应使锚链保持一定的受力为限。如船舶横向受风，锚链打横时不要盲目动车顶风，这样会增加锚链的负荷，只有当锚链靠近船头方向时，方可酌情动车。操舵的目的是让船首和风向保持一个不大的风舷角，同时务必使风向稳定在一侧。

当船舶受影响风力达6 ~ 7级时可选择抛“一点锚”。“一点锚”非常适合在大风浪天气下应用，对抵抗急流和大风浪较为实用，但其偏荡较大，应注意与其他锚泊船的距离。抛双锚时应尽可能同时抛下，松链时应尽量同步，以避免锚链绞缠。

2）台风对码头系泊避台的影响及应对措施

台风来临时，风向大多是不断变化的，所以在有条件的情况下应尽量选择锚地避台，而不是选择在码头避台。如在码头避台，需要在码头与船体之间增加隔垫，而且要加强缆绳强度，特别是在强风方向。系缆过程中应使各缆受力均匀，带缆点尽可能多，缆绳尽量留长一些以增加强度。

3）台风对海上航行避台的影响及应对措施

船舶航行避台就是改变航向和航速，努力使得船位远离台风及其经过的路径。如有台风影响既定航线，需根据气象预报与船舶实际情况综合分析，可以采取顶风滞航避台的策略，等台风过后，再继续航行；也可以采取加快船速的方式，在台风影响既定航线之前通过该段航程。但是这种避台方式的风险较大，一旦台风预报路径不准或强度偏差太大，将会给船舶带来灾难，应谨慎使用。

在北半球，海上航行的船舶可以利用风向的变化判定所处台风风圈的位置并及时采取如下应对措施。

（1）风向右转（顺时针方向变化），船舶处于危险半圆，如图2.9所示的甲船。甲船应采取以右艏15° ~ 20°的风舷角顶风全速避离；如果风浪巨大，不能全速驶离时，可以采取右艏顶风滞航，等待台风过境。

（2）风向左转（逆时针方向变化），船舶处于可航半圆，如图2.9所示的乙船。乙船应使右艉受风驶离台风中心，直到风力由大变小；如果下风方向有陆地或水域受限无法驶离时，可以采取右艏顶风滞航，以等待台风过境。

（3）风向无明显变化，船舶可能处于台风路径附近；风力加强，船舶处在台风移动路径的前方；风力减弱，则船舶处在台风移动路径的后方。如图2.9所示的丙船，应使船尾右舷受风顺航，迅速驶进左半圆（可航半圆)，再采取相应措施。

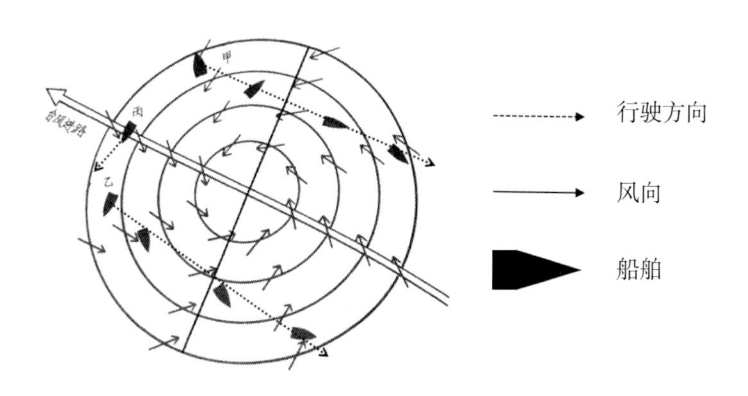

图2.9　处于台风不同位置的船舶行驶策略

2.2.4　管道

台风对管道的危害主要有两个方面：一方面是台风通过其引发的波浪、海流、风暴潮等极端环境载荷对海底管道造成直接的破坏；另一方面是台风引发的波浪、海流、风暴潮等对海底管道进行冲刷，造成海底管道悬跨，导致破坏风险升高。如2007年台风“韦帕”和“罗莎”造成春晓油气田群海底管道多处出现裸露和悬空，如图2.10所示。

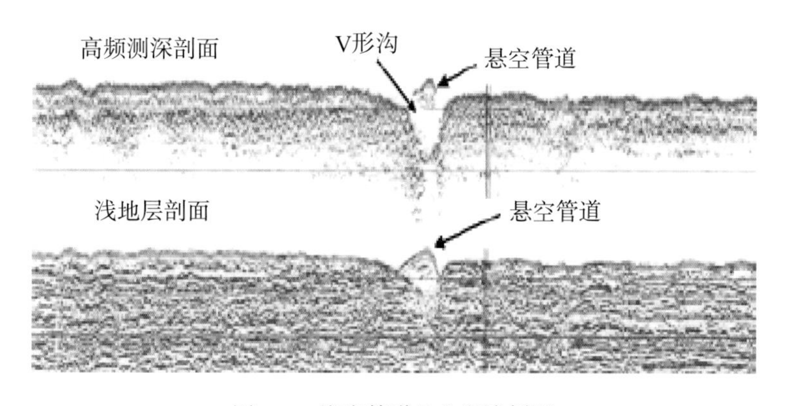

图2.10　海底管道悬空段浅剖图

2.3 国内外典型台风灾害事故

本节收录了国内外典型海区因受台风（飓风）影响而造成海上石油设施倾斜、倾覆、沉没等事故案例，也列举了一些因大风浪影响对海上石油设施造成的严重灾害。

2.3.1 中国海区

1983年10月，美国阿科石油公司（ARCO）租用环球海洋钻井公司的“爪哇海”号钻井船在南海被8316号台风袭击沉没。船上中外籍人员共计81人全部遇难，直接经济损失达3.5亿美元。

1991年8月，Mcdermott公司在南海进行海底管道铺设作业的大型铺管船DB29受到9111号台风的影响而沉没，造成22人死亡。

1993年9月，“南海四号”钻井平台从香港拖航返回北部湾作业过程中，由于缆绳断裂造成平台失控漂移并触礁损坏，直接经济损失170万美元。

1994年9月，“渤海四号”钻井平台在拖航过程中，受9426号台风的影响搁浅，船体损坏较严重，据估算修理费达400万～500万美元。

2005年9月，台风“达维”正面袭击文昌油田，造成FPSO单点舱进水，单点旋转塔偏位，导致油田停产5天。

2006年5月，台风“珍珠”导致“南海胜利”号FPSO的7根锚链断裂，导致油田停产数天。

2006年8月，由于台风路径突变，在南海作业的海上生活支持船“海洋石油298”在防台应急撤离的拖航途中遭遇台风袭击，所幸无人员伤亡。

2009年9月，“南海发现”号FPSO因受到突然加速的台风“巨爵”的正面袭击，造成单点系泊系统的4根锚链被拉断，漂离正常位置超过700 m。

2010年9月，中国石化胜利油田作业的三号修井平台在渤海湾浅海海域作业过程中，受台风“玛瑙”影响发生倾斜事故（图2.11），造成2人失踪。

图2.11　事发现场救援

2017年10月，台风“卡努”造成避台中的“南海五号”和“南海六号”的锚链断裂，导向桩损坏。

2018年9月，台风“山竹”造成在大亚湾锚地避台的“海洋石油202”船舶走锚。

2019年9月，超强台风“玲玲”正面袭击西湖作业区，造成钻修井机和管线等生产设备受损。

2.3.2 墨西哥湾

1976年4月，钻井平台Ocean Express在浪高7.6 m和风速29 m/s的恶劣天气下拖航，由于拖船发动机失灵和拖绳断裂，导致钻井平台向右舷倾斜达25°。事故过程中拖航的人员乘坐的3号救生艇被大浪意外击中，造成13人死亡。

1985年5月，钻井船Tonkawa遭遇恶劣天气发生倾斜、倾覆最后沉没，造成11人死亡。

1998年6月，自升式钻井平台Mr.Bice在拖航途中遇到恶劣天气，由于结构故障问题和进水，导致倾覆并最终沉没。随后由于飓风“艾尔”（Earl）的影响，造成平台严重损坏。

2002年10月，飓风“丽丽”（Lili）造成自升式钻井平台Rowan Houston、Dolphin 105以及Platform A等共7座平台发生倾斜、倾覆。倒塌后的Dolphin 105平台见图2.12。

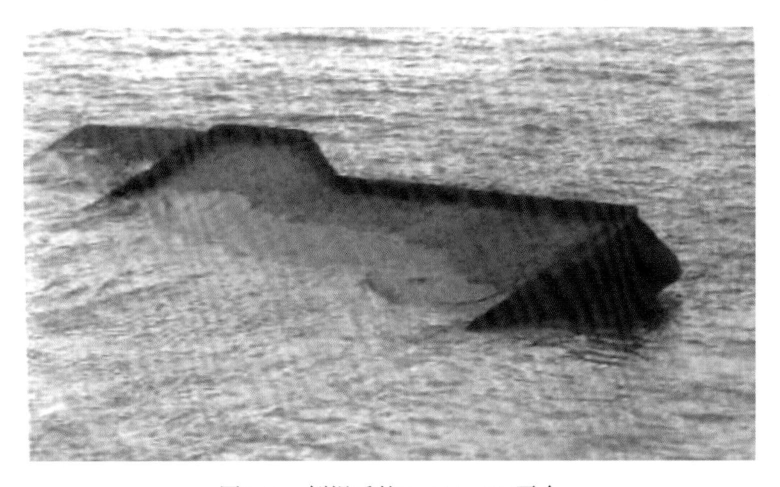

图2.12 倒塌后的Dolphin 105平台

2004年9月，飓风“伊万”（Ivan）造成钻井平台Ocean Star、Ocean America以及Medusa Spar等共7座平台损毁，如图2.13所示。

2005年7月，英国石油公司海上平台Thunder Horse受飓风“丹尼斯”（Dennis）的影响，造成平台左舷倾斜（图2.14），投入生产推迟一年以上。

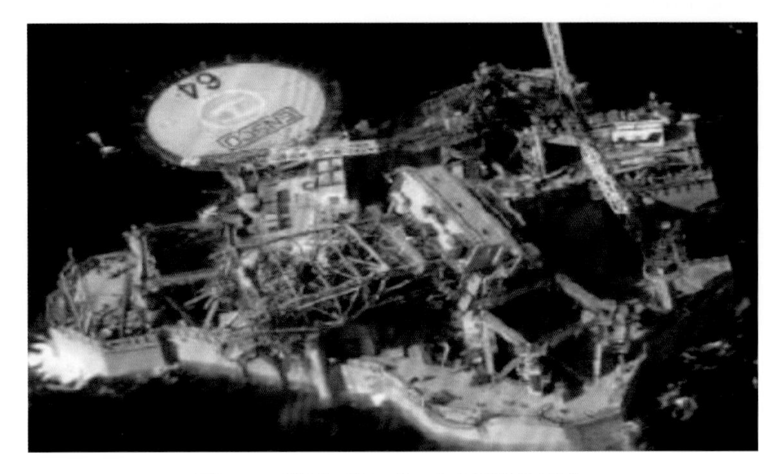

图2.13　飓风“伊万”过后损毁的平台

图2.14　倾斜的Thunder Horse平台

2005年8月，飓风“卡特里娜”（Katrina）造成Shell Mars（图2.15）、Ocean Warwick等共47座平台损毁。

图2.15　飓风“卡特里娜”过后损毁的Shell Mars

2005年9月，飓风“丽塔”（Rita）造成钻井平台Adriatic Ⅶ、High Island Ⅲ和Chevron等共69座平台损毁。飓风“丽塔”过后损毁的平台见图2.16。

图2.16　飓风“丽塔”过后损毁的平台

2007年10月，自升式钻井平台Usumacinta在作业过程中，遭遇浪高达6～8m和风速达36m/s的恶劣天气，引发悬臂式甲板与邻近平台采油树碰撞，造成油气泄漏并引发大火（图2.17）。该事故造成22人死亡，5 000桶石油泄漏。

图2.17　着火的Kab-101平台

2.3.3　其他因大风导致的灾害事故

1968年3月，钻井平台Ocean Prince在米德尔斯伯勒沿海进行钻探作业。虽然工作人员发现船体结构存在裂纹，但为了减少停工期，决定继续作业。在浪高为15 m和风速超过41 m/s的恶劣天气下，最终导致钻井平台破裂并沉入大海，如图2.18所示。

1976年3月，挪威Odfjell公司的钻井平台Deep Sea Driller自航行驶的途中遭遇40 m/s的风暴，致使平台撞向礁石后结构损坏，造成6人死亡。

图2.18　沉没过程中的Ocean Prince钻井平台

1977年7月，自升式钻井平台Ocean Master Ⅱ在拖航途中遇到恶劣天气，最终造成钻井平台沉没，如图2.19所示。

图2.19　受损后拖带中的Ocean Master Ⅱ钻井平台

1978年2月，Transocean公司的自升式钻井平台Orion驳运途中受到风暴的影响，造成拖绳断裂，最终钻井平台撞在格兰德斯罗克岛上。

1979年11月，“渤海2号”钻井船在拖带过程中遭遇10级狂风导致倾覆沉没，造成72人死亡，直接经济损失达3 735万元。

1980年3月，菲利普石油公司的“亚历山大-基兰”号钻井平台遭遇9级大风，6 m高的巨浪挟带着冰块扑向平台，导致1根支柱发生断裂，仅15 min后，平台沉没（图2.20），造成123人遇难。值得一提的是该平台的设计标准可以抵御13级台风。

1982年2月，美国“海洋徘徊者”号钻井平台（图2.21）在纽芬兰以东遭遇53 m/s的大风，20 m高的海浪造成了舷窗破碎，使海水进入压载舱控制室而造成钻井平台沉没，平台上的84人全部遇难。

图2.20　受损的“亚历山大-基兰”号钻井平台

图2.21　“海洋徘徊者”钻井平台原貌

1983年9月，Key International Drilling Company的钻井平台Key Biscayne在拖航过程中遭遇大风（图2.22），由于拖绳断裂导致钻井平台发生倾斜，最后沉没。

图2.22　拖航途中的Key Biscayne钻井平台

1988年12月，自升式钻井平台Rowan Gorilla I（图2.23）在拖航过程中遭遇浪高达12 m和风速达30 m/s的恶劣天气，由于船尾的储藏舱进水后下沉，造成平台上集装箱等可移动设备撞向舱门，导致更多地方进水，加之拖绳的断裂，最终沉没。

图2.23 Rowan Gorilla I 钻井平台原貌

1989年11月，自升式钻井平台Interocean Ⅱ（图2.24）在拖航过程中遭遇浪高达7.6 m和风速达38 m/s的恶劣天气，导致部分拖绳断裂，最终沉没。

图2.24 Interocean Ⅱ 钻井平台原貌

1990年8月，自升式钻井平台West Gamma在拖航过程中，遭遇浪高达12 m和风速达30 m/s的恶劣天气，导致该钻井平台失控。由于一个救生艇甲板出现松动，损坏了通风管道和登入舱舱口，导致了钻井平台船体进水，随后钻井平台倾斜（图2.25），最终沉没。

图2.25　倾斜的West Gamma钻井平台

2007年4月，半潜式钻井平台Transocean Rather的供应船Bourbon Dolpin在浪高为3.5m和风速为15 m/s的恶劣天气下沉没，导致8人死亡。

2015年12月，阿塞拜疆国家石油公司的Guneshli油气田的10号油气生产平台遭遇浪高达9 ~ 10 m和风速为38 ~ 40 m/s的恶劣天气，造成1条水下高压天然气管线破裂，引起泄漏和起火（图2.26）。该事故造成7人死亡，损失天然气日产量约为$180 \times 10^4 m^3$，损失原油日产量约920 t。

图2.26　10号油气生产平台火灾事故现场

2018年12月，印度石油天然气公司的一个海上石油钻井平台，在卡基纳达港附近的孟加拉湾海域遭遇风暴发生倾覆事故（图2.27），由于救援及时，未发生人员伤亡。

2019年9月，受飓风“洛伦佐”（Lorenzo）的影响，法国海工船东Bourbon Offshore的1艘“Bourbon Rhode”号拖船（图2.28）在大西洋沉没，船上3名船员获救，另有11人失踪。

图2.27　倾斜的钻井平台

图2.28　航行中的“Bourbon Rhode”号拖船

2019年10月，马来西亚DESB船舶服务公司的“Dayang Topaz”号支持维护船由于受巨浪冲击使船舶锚索断裂，随后船舶失控并与平台碰撞后沉没。“Dayang Topaz”号船舶碰撞后受损的平台见图2.29。

图2.29　“Dayang Topaz”号船舶碰撞后受损的平台

第3章

台风对海上油气田的影响分析

40

我国是受台风影响比较严重的国家之一。据统计，1949—2021年间，西北太平洋和南海平均每年生成的台风约有26个，登陆我国的台风平均每年约有7个。中国海油在南海和东海两个受台风影响比较频繁的区域拥有大量的海上石油设施，受台风影响次数大于在我国登陆的台风次数。

3.1 1982—2021年海上油气田受台风影响分析

1982—2021年西北太平洋和南海生成的台风路径见图3.1。近40年，西北太平洋和南海生成的台风共计984个，平均每年24.6个，其中达到12级以上强度的共有586个，超强台风186个。影响海上油气田（进入海上油气田500 km警戒区）的台风共有499个，平均每年约12.5个，占比50.7%，其中达到12级以上强度的共有299个，超强台风93个。

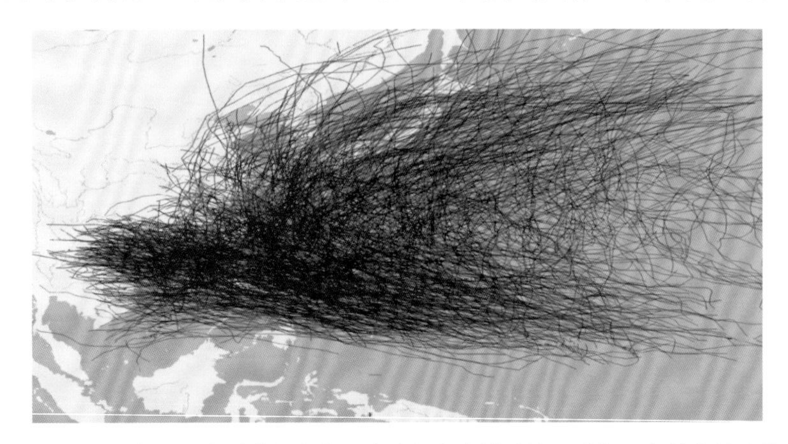

图3.1 近40年西北太平洋和南海生成（红色为影响海上油气田）的台风路径

需要指出的是，这里只统计了经过海上油气田500 km范围内的台风，实际上只要有台风生成且预报路径有可能对海上油气田造成影响时，就需要进行相关的防台安全隐患排查、作业计划调整以及撤离准备等，因此对实际生产作业的影响要比这里统计的更大一些。

3.1.1 台风路径与移动速度分析

影响海上油气田的台风移动路径主要分为两类。第一类是从源地一直向西北偏西移动，然后在我国登陆，可能对中海石油（中国）有限公司湛江/海南分公司（以下简称“有限湛江/海南分公司”）（图3.2A）和中海石油（中国）有限公司深圳分公司（以下简称“有限深圳分公司”）（图3.2B）造成影响；第二类是从源地向西北方向移动，当靠近我国东海或在我国东部沿海登陆后，转向东北方向移动，可能对中海石油（中国）有限公司上海分公司（以下简称“有限上海分公司”）（图3.2C）和中海石油

（中国）有限公司天津分公司（以下简称“有限天津分公司”）（图3.2D）造成影响。

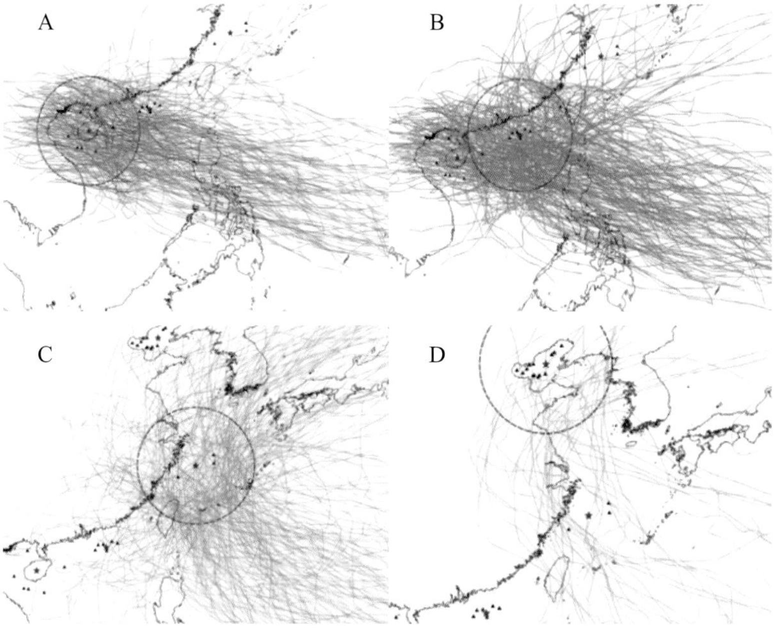

A B C D

图3.2　影响各个海域油气田的台风路径分布（红圈为油气田500 km警戒区）

西北太平洋生成的台风的移动速度一般在25 ~ 30 km/h，南海土台风的速度变化较大，据统计进入海上油气田500 km警戒区的最大移动速度25 km/h，最小移动速度5 km/h，平均移动速度14 km/h。

3.1.2　年际变化分析

1）生成的台风年际分析

1982—2021年，西北太平洋和南海生成的8级以上台风、12级以上台风和超强台风的年际统计情况见图3.3。生成的8级以上台风数量1994年最多，达37个；1998年最少，为12个。生成的12级以上台风数量1990年和2005年最多，均达21个；1998年和1999年最少，均为6个。生成的超强台风数量2015年最多，达15个；1999年最少，没有超强台风生成。

2）影响海上油气田的台风年际分析

1982—2021年，影响海上油气田的8级以上台风、12级以上台风和超强台风的年际统计情况见图3.4。影响海上油气田的8级以上台风数量2013年最多，达18个；1997年和1998年最少，均为8个。影响海上油气田的12级以上台风数量1991年最多，达13个；1983年、1984年、1997年和1998年最少，均为4个。影响海上油气田的超强台风数量2015年最多，达7个；1999年、2001年和2004年均没有超强台风影响海上油气田。

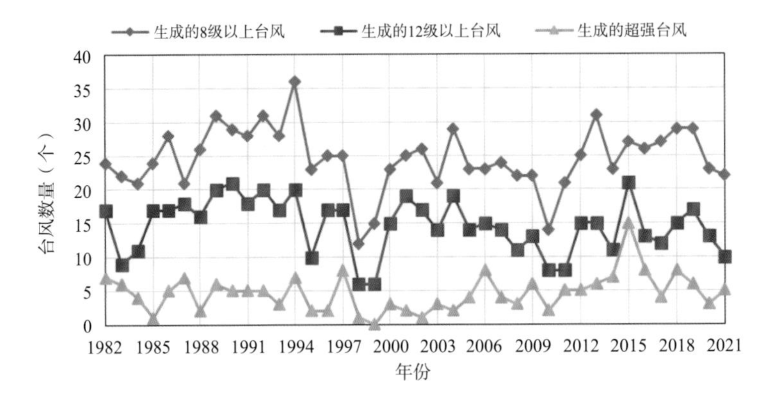

图3.3　1982—2021年生成的台风年际统计

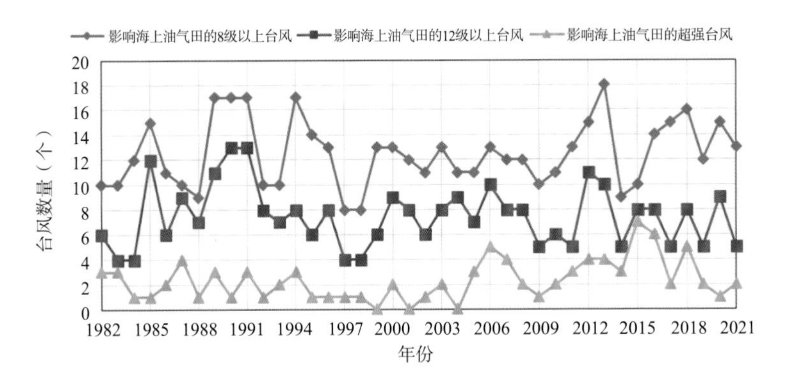

图3.4　1982—2021年影响海上油气田的台风年际统计

3.1.3　月际变化分析

1）生成的台风月际分析

1982—2021年，西北太平洋和南海生成的8级以上台风、12级以上台风和超强台风的月际统计情况见图3.5。

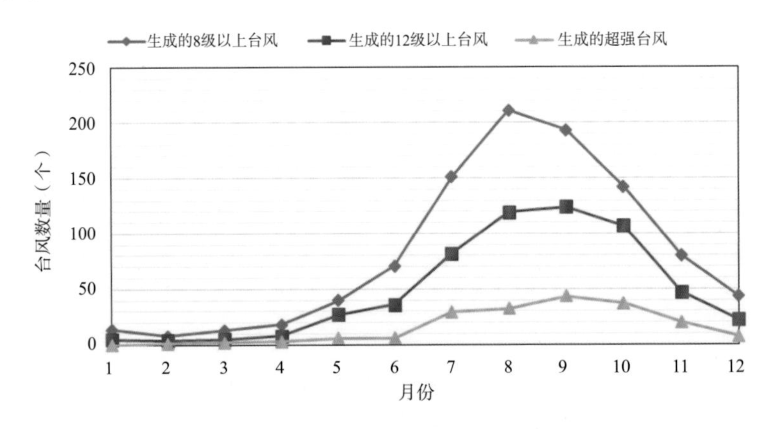

图3.5　1982—2021年生成的台风月际统计

总体来看，西北太平洋和南海生成的8级以上台风、12级以上台风和超强台风的月际变化规律基本一致，均集中在7—10月，分别占生成总数的70.8%、73.7%和75.8%。其中8月生成的8级以上台风数量最多，达211个；9月生成的12级以上台风和超强台风数量最多，分别达124个和43个。

2）影响海上油气田的台风月际分析

1982—2021年，影响海上油气田的8级以上台风、12级以上台风和超强台风的月际统计情况见图3.6。

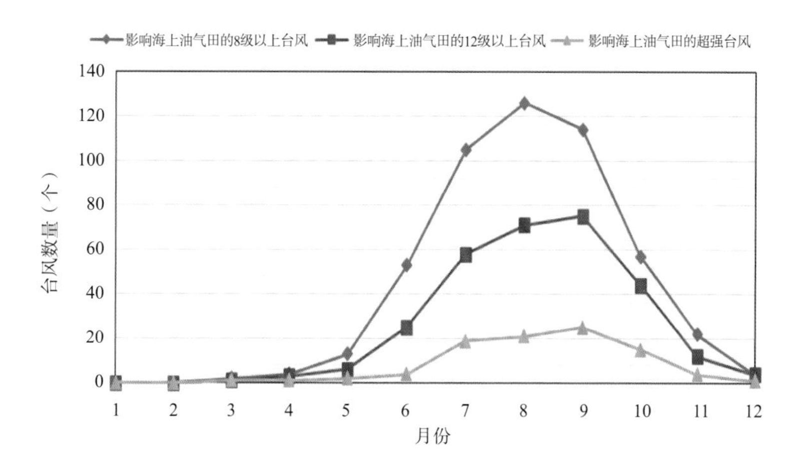

图3.6　1982—2021年影响海上油气田的台风月际统计

总体来看，影响海上油气田的8级以上台风、12级以上台风和超强台风的月际变化规律基本一致，均集中在7—9月，分别占生成总数的69.0%、68.2%和69.9%。其中8月影响海上油气田的8级以上台风数量最多，达126个；9月影响海上油气田的12级以上台风和超强台风数量最多，分别达75个和25个。

3.1.4　强度分析

1982—2021年，西北太平洋和南海生成的8级以上台风、影响海上油气田的8级以上台风的强度统计情况见图3.7。

总体来看，西北太平洋和南海生成的不同强度的台风数量比较均匀（热带风暴、强热带风暴、台风、强台风、超强台风分别占比19.1%、21.3%、21.7%、19.0%、18.9%），而影响海上油气田的不同强度的台风数量差别相对较大（热带风暴、强热带风暴、台风、强台风、超强台风分别占比16.8%、23.4%、24.8%、16.4%、18.6%）。影响海上油气田的12～13级台风的数量最多，达124个；强台风的数量最少，为82个。

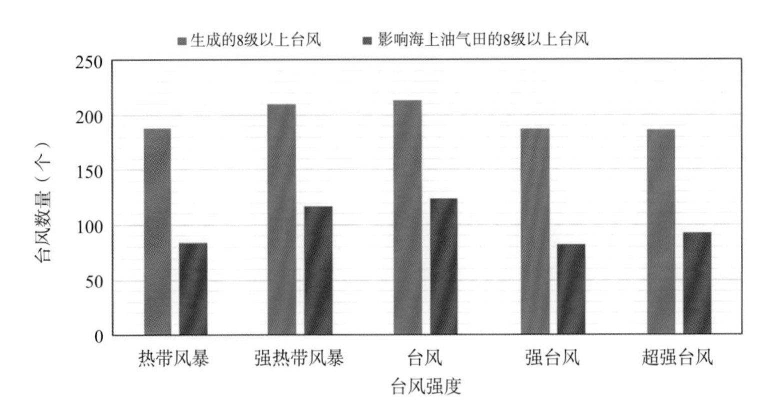

图3.7　1982—2021年生成的8级以上台风和影响海上油气田的8级以上台风强度统计

3.1.5　不同海域油气田受影响分析

1982—2021年影响海上油气田的499个台风对各区域公司的影响统计数据见表3.1。

表3.1　1982—2021年影响区域公司的台风统计

影响的区域公司	个数	年平均	占影响海上油气田台风的比例（%）
天津	36	0.9	7.2
上海	213	5.3	42.7
深圳	280	7.0	56.1
湛江/海南	229	5.7	45.9
天津、上海	31	0.8	6.2
上海、深圳	33	0.8	6.6
深圳、湛江/海南	165	4.1	33.1
天津、上海、深圳	3	0.1	0.6
上海、深圳、湛江/海南	12	0.3	2.4
天津、上海、深圳、湛江/海南	0	0	0

1982—2021年，有限深圳分公司受台风的影响最大，有限天津分公司受台风的影响最小，分别占影响海上油气田台风总数的56.1%和7.2%。从同一台风影响多个区域公司的情况来看，有限深圳分公司和有限湛江/海南分公司受同一台风影响的概率最大，分别占影响其台风总数的58.9%和72.1%；影响有限天津分公司的台风有极大概率也影

响有限上海分公司，占比86.1%；截至目前单个台风最多对3个区域公司造成影响，分别为有限湛江/海南分公司、有限深圳分公司和有限上海分公司或者有限深圳分公司、有限上海分公司和有限天津分公司。

1）年际分析

1982—2021年，有限天津分公司、有限上海分公司、有限深圳分公司和有限湛江/海南分公司受台风影响的年际统计情况见图3.8。

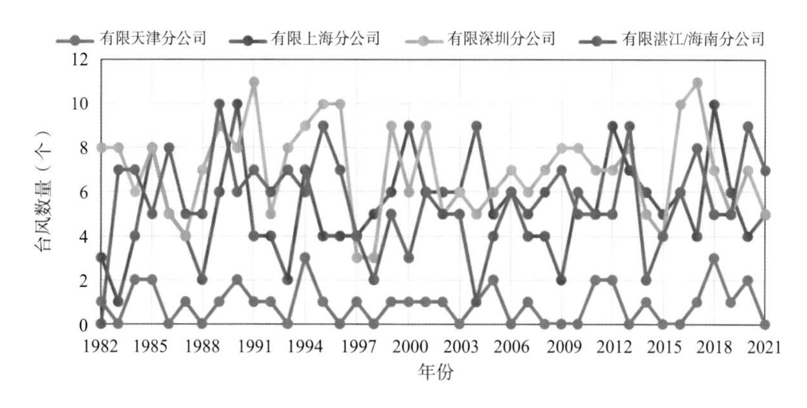

图3.8　1982　2021年各区域公司受台风影响的年际统计

总体来看，各区域公司受台风影响的年际统计差异较大，其中有限天津分公司受台风影响的数量最多达3个，最少为0；有限上海分公司受台风影响的数量最多达10个，最少为1个；有限深圳分公司受台风影响的数量最多达11个，最少为3个；有限湛江/海南分公司受台风影响的数量最多达10个，最少为1个。

2）月际分析

1982—2021年，有限天津分公司、有限上海分公司、有限深圳分公司和有限湛江/海南分公司受台风影响的月际统计情况见图3.9。

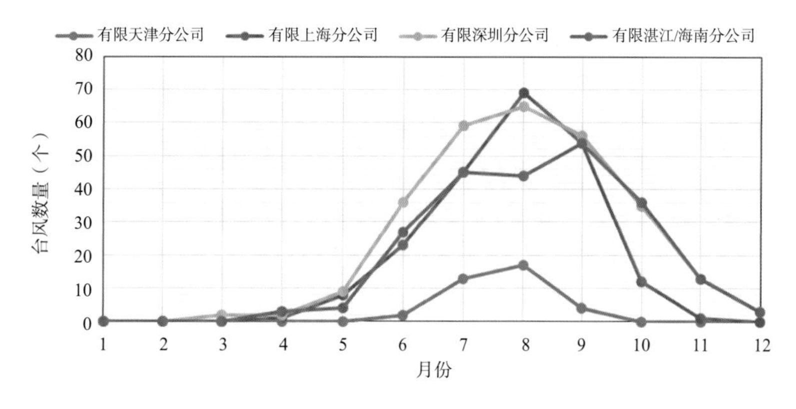

图3.9　1982—2021年各区域公司受台风影响的月际统计

总体来看，各区域公司受台风影响的月际变化规律基本一致，主要集中在6—10月，尤其是7—9月占比较高。其中8月影响有限天津、上海和深圳分公司的台风数量最多，分别达17个、69个和65个；9月影响有限湛江/海南分公司的台风数量最多，达54个。

3）强度分析

1982—2021年，有限天津分公司、有限上海分公司、有限深圳分公司和有限湛江/海南分公司受台风影响的强度统计情况见图3.10。

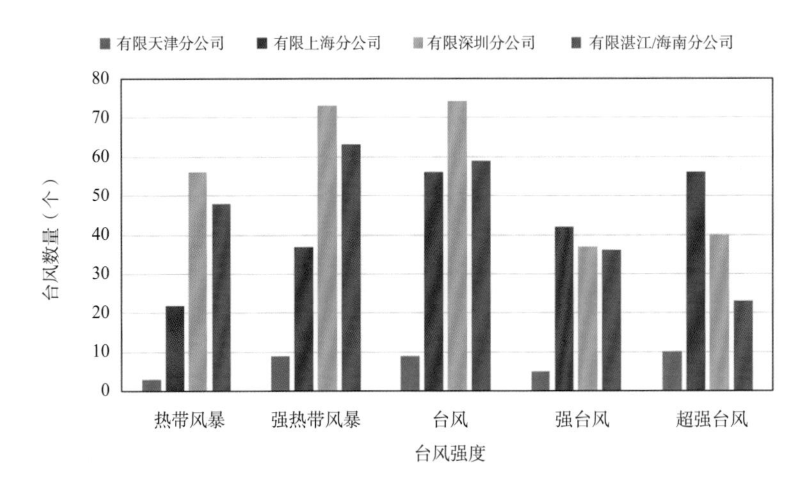

图3.10　1982—2021年各区域公司受台风影响的强度统计

总体来看，有限上海分公司受台风影响的强度整体较强，12级以上台风占比72.4%；有限深圳分公司和有限湛江/海南分公司受台风影响的强度相对较弱，13级以下台风分别占比72.5%和74.2%；有限天津分公司受台风影响最多的是超强台风，但实际上台风对其最大影响强度仅为11级。造成这种差异的主要原因是我们这里统计的台风强度是基于其全生命周期的最大强度，随着台风北上，实际影响强度不断衰减。

4）南海土台风影响分析

1982—2021年，南海共生成土台风207个，年平均5.2个，占整个西北太平洋海域台风的17.3%。影响海上油气田的土台风有162个，占生成土台风总量的78.3%，表明绝大部分南海土台风都会影响海上油气田。

影响有限湛江/海南分公司的土台风数量为126个（图3.11A）、影响有限深圳分公司的土台风数量为117个（图3.11B）、影响有限上海分公司的土台风数量为20个（图3.11C）、影响有限天津分公司的土台风数量为2个（图3.11D）。有限湛江/海南分公司和有限深圳分公司为土台风主要影响区域，分别占影响其土台风总数的77.8%和72.2%。同一土台风影响有限湛江/海南分公司和有限深圳分公司的重复率达70%以上。

影响有限上海分公司的土台风，100%影响有限深圳分公司。

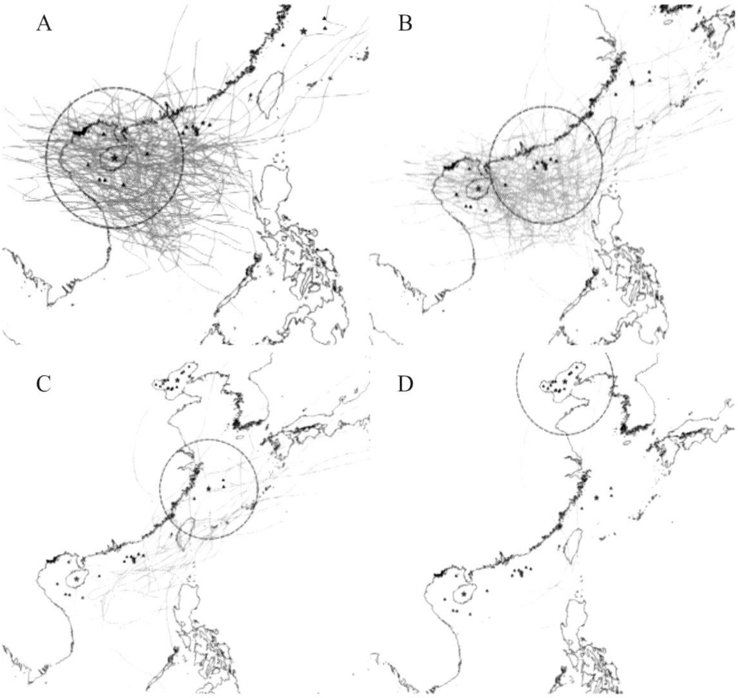

图 3.11　1982—2021年南海土台风影响各区域公司的数量和路径（红圈为500 km警戒区）

南海土台风从生成点到有限深圳分公司、有限湛江/海南分公司海上油气田红色警戒区的平均距离为254 km，按照平均移动速度14 km/h计算，土台风被正式命名后，最短18h后土台风的中心路径就会抵达海上油气田的红色警戒区，留给海上油气田的防台时间非常有限。

3.2　1982—2021年影响海上油气田的台风趋势分析

以10年为统计节点，分别统计1982—1991年、1992—2001年、2002—2011年和2012—2021年四个时间段内台风对海上油气田的影响，分析其变化趋势，如表3.2所示。

表3.2　1982—2021年台风影响海上油气田的10年际统计

时间	热带风暴	强热带风暴	台风	强台风	超强台风	合计
1982—1991年	6	37	44	18	22	127
1992—2001年	21	29	41	15	12	118
2002—2011年	23	22	22	27	23	117
2012—2021年	34	29	16	22	36	137

1982—1991年、1992—2001年、2002—2011年和2012—2021年影响海上油气田的台风数量整体呈先减少后增多趋势，特别是近10年，数量明显增多；从强度分布来看，整体呈现向两极分化的趋势，热带风暴和超强台风的数量稳步增长，台风和强热带风暴的数量逐渐降低，强台风的数量变化规律不明显。

3.2.1 月际趋势分析

1982—1991年、1992—2001年、2002—2011年和2012—2021年四个时间段内台风对海上油气田的影响的月际统计情况见图3.12。

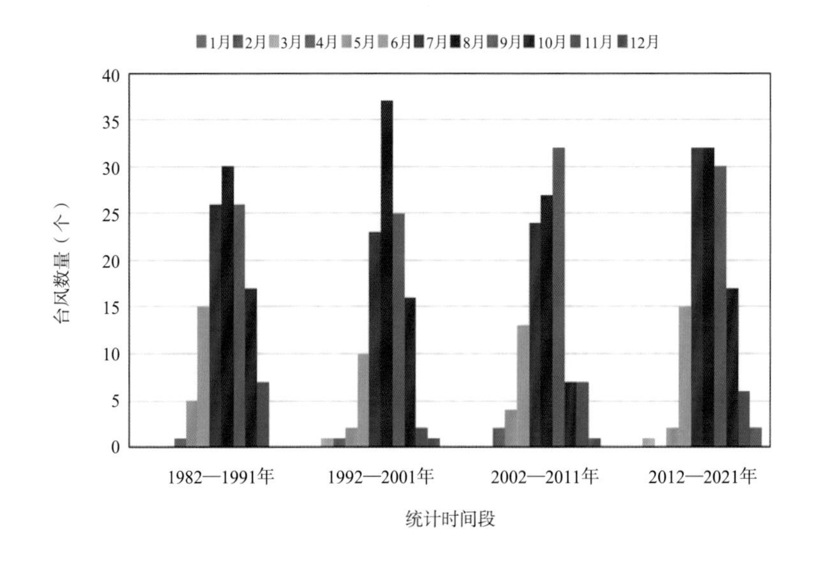

图3.12　1982—2021年影响海上油气田的10年际台风月际统计

从总体上看，1982—1991年、1992—2001年、2002—2011年和2012—2021年，海上油气田受台风的影响均集中在6—10月，尤其是7—9月，且更趋于集中；四个时间段内海上油气田受台风影响最集中的5个月分别占影响其总数的89.8%、94.1%、88.0%和92.0%。

3.2.2 不同海域受影响趋势分析

1982—1991年、1992—2001年、2002—2011年和2012—2021年四个时间段内各区域公司受台风影响的统计情况见表3.3。

由表3.3可以看出，有限上海分公司受台风影响的数量和概率不断增加，有限深圳分公司和有限湛江/海南分公司受台风影响的概率有所减少，有限天津分公司受台风影响的数量和概率变化不大。

表3.3 1982—2021年各区域公司受台风影响10年际统计

影响的区域公司	1982—1991年		1992—2001年		2002—2011年		2012—2021年	
	数量	概率（%）	数量	概率（%）	数量	概率（%）	数量	概率（%）
天津	10	7.9	9	7.6	7	6.0	10	7.3
上海	47	37.0	51	43.2	53	45.3	62	45.3
深圳	74	58.3	72	61.0	65	55.6	69	50.4
湛江/海南	65	51.2	55	46.6	49	41.9	60	43.8
天津、上海	9	7.1	7	5.9	5	4.3	10	7.3
上海、深圳	7	5.5	9	7.6	9	7.7	8	5.8
深圳、湛江/海南	47	37.0	41	34.7	35	29.9	42	30.7
天津、上海、深圳	0	0.0	1	0.8	1	0.9	1	0.7
上海、深圳、湛江/海南	3	2.4	5	4.2	3	2.6	1	0.7

3.3 2011—2020年海上油气田受台风影响及应对情况

2011—2020年，经国家气象中心编号的台风共261个，进入我国近海海域的有162个，对海上油气田生产作业造成影响（人员撤离）的有119个，包括土台风26个。与1982—2021年相比，2011—2020年影响海上油气田的台风表现出年平均数量增长、月份更为集中、台风期缩短、总体强度变化不大但超强台风增多等特点。

2011—2020年台风对海上油气田的影响统计数据见表3.4，其中影响作业天数847天，动复员237 233人次，动用直升机7 821架次，动用船舶3 253航次。

由表3.4可以看出，对海上油气田生产作业造成影响的台风数量和影响天数之间并不完全呈现正相关性，这主要是因为对海上油气田影响不仅与台风数量有关，也与台风路径走向、强度、相邻台风之间的时间间隔以及海上实际作业情况等因素有关。

此外从撤离人员动用的工具数量来看，直升机占比逐步提高，船舶占比逐步降低，这是对海上油气田的撤台方式不断进行优化的结果，也从侧面体现了海上油气田撤台管理水平的提高。

表3.4 2011—2020年台风对海上油气田的正常生产作业造成的影响统计

年份	台风数量	其中土台风	影响作业天数	动复员人次	直升机架次	船舶航次
2011	8	2	72	22 635	192	811
2012	13	2	91	31 229	671	469
2013	15	4	106	44 693	964	669
2014	8	0	45	26 247	1 006	106
2015	11	1	58	23 078	1 105	33
2016	14	2	78	16 732	779	62
2017	11	2	81	16 376	771	133
2018	12	4	134	16 238	761	168
2019	12	4	86	17 023	582	403
2020	15	5	96	22 982	990	399
合计	119	26	847	237 233	7 821	3 253

3.3.1 2011年海上油气田台风应对情况

2011年由国家气象中心编号的台风共21个（图3.13），生成个数相对偏少。生成时间主要集中在6—9月，达17个，占生成台风总数的81%。台风强度总体偏弱，生成的热带风暴和强热带风暴共计13个，占生成台风总数的62%。但超强台风“梅花”的持续时间达13天，接连对有限上海分公司、有限天津分公司以及正在海上调试的“海洋石油981”钻井平台造成影响。

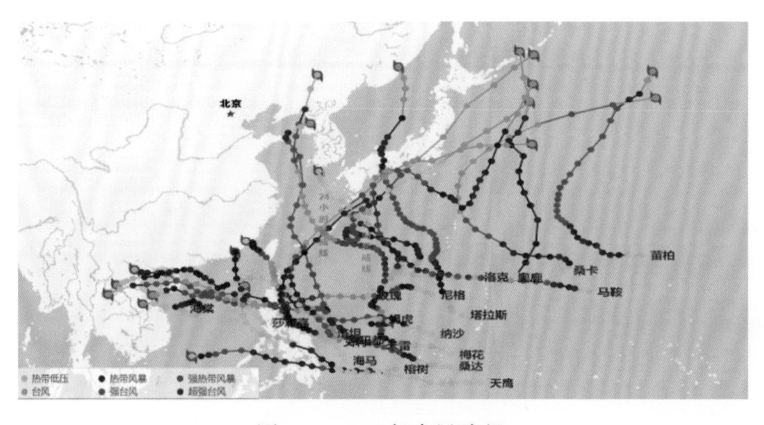

图3.13 2011年台风路径

进入或影响我国近海海域的台风有13个，进入南海（120°E以西）的有8个，进入东海（25°N以北、130°E以西）的有5个。对海上油气生产作业造成影响的台风有8个（图3.14），包括土台风2个，超强台风2个（占比25%），影响海上油气田勘探开发生产作业累计72天。

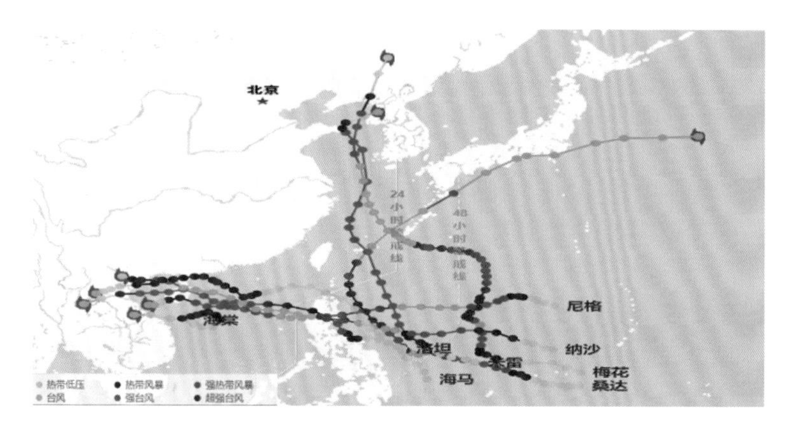

图3.14　2011年影响海上油气田的台风路径

按作业区域划分，影响有限天津分公司区域的台风有1个，影响作业天数为5天；影响有限上海分公司区域的台风有3个，影响作业天数为17天；影响有限深圳分公司区域的台风有3个，影响作业天数为21天；影响有限湛江/海南分公司区域的台风有5个，影响作业天数为29天。具体情况见表3.5。

表3.5　2011年对海上油气田造成影响的台风情况

序号	编号与名称	台风等级	生成海域	生成月份	影响区域	影响天数（天）
1	1102 桑达	超强台风	西北太平洋	5	上海	4
2	1104 海马	热带风暴	南海	6	深圳，湛江/海南	7，6
3	1105 米雷	强热带风暴	西北太平洋	6	上海	4
4	1108 洛坦	强热带风暴	西北太平洋	7	深圳，湛江/海南	6，6
5	1109 梅花	超强台风	西北太平洋	7	上海，天津	9，5
6	1117 纳沙	台风	西北太平洋	9	深圳，湛江/海南	8，5
7	1118 海棠	热带风暴	南海	9	湛江/海南	6
8	1119 尼格	强台风	西北太平洋	9	湛江/海南	6

1）有限天津分公司应对超强台风“梅花”

1109号台风“梅花”于7月28日14:00在西北太平洋生成。7月30日上午加强为强热带风暴后，强度迅速增强，成为2011年的第三个超强台风。“梅花”的强度多变，先后于7月31日凌晨和8月3日凌晨两次加强为超强台风。

有限天津分公司于8月5日17:00紧急召开防台准备会议（图3.15），明确提出天津分公司管辖范围内一切资源，必须听从应急指挥中心的统一调动及安排。在随后的三天里共召开5次大型会议和数次专家小组会议，按照“人员安全、环境保护、设施安全、产量和工作进度”的顺序原则制定了撤离方案。本次撤台在50多个小时内，动用直升机5架、船舶70艘，共撤离海上人员8 332人，最大程度保障了海上作业人员的安全。

图3.15　有限天津分公司紧急召开“防台准备会议”

2）“海洋石油981”应对超强台风“梅花”

2011年8月5—7日，超强台风“梅花”正面袭击了正在锚地进行海上调试的“海洋石油981”（图3.16），钻井平台处风力超过12级。考虑到平台的推进器尚未完全调试好，因此做出了人员全部撤离，平台锚泊固定防台的决策。

图3.16　台风来临前的“海洋石油981”

台风期间经守护船报告该平台稳性良好。台风过后经检查没有发现走锚现象，但隔水管张力器的液缸、软管和立柱上的两个排烟管等部件受到不同程度的损坏。

3.3.2　2012年海上油气田台风应对情况

2012年由国家气象中心编号的台风共24个（图3.17），强度总体较强，其中强台风以上强度占比46%。生成时间主要集中在6—10月，达21个，占生成台风总数的88%。

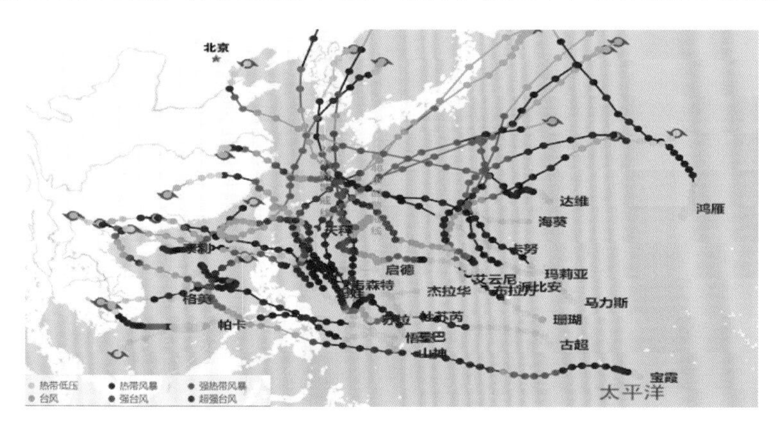

图3.17　2012年台风路径

进入或影响我国近海海域的台风有15个，进入南海（120°E以西）的有9个，进入东海（25°N以北、130°E以西）的有8个。对海上油气生产作业造成影响的台风有13个（图3.18），包括土台风2个，超强台风4个（占比31%），影响海上油气田勘探开发生产作业累计91天。

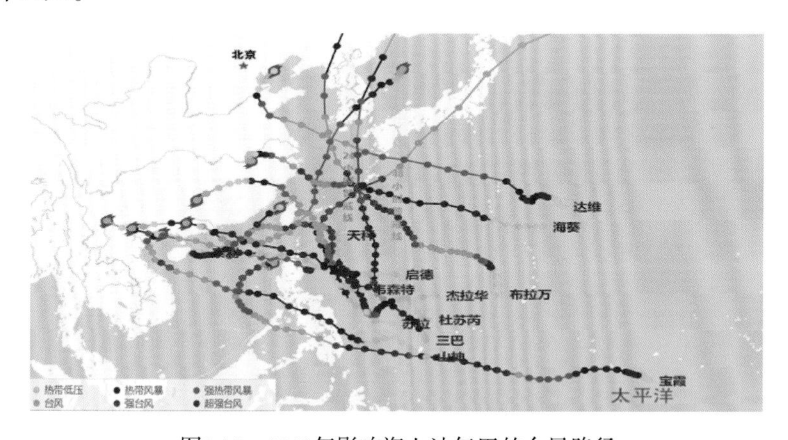

图3.18　2012年影响海上油气田的台风路径

按作业区域划分，影响有限天津分公司区域的台风有1个，由于准确判断了台风路径和强度，做出了人员不撤离、油田不关井的决定，影响作业天数为1天；影响有限上海分公司区域的台风有7个，影响作业天数25天；影响有限深圳分公司区域的台风有6个，影响作业天数46天；影响有限湛江/海南分公司区域的台风有3个，影响作业天数为19天。具体情况见表3.6。

表3.6　2012年对海上油气田造成影响的台风情况

序号	编号与名称	台风等级	生成海域	生成月份	影响区域	影响天数（天）
1	1205 泰　利	强热带风暴	南海	6	深圳	9
2	1206 杜苏芮	强热带风暴	西北太平洋	6	深圳	6
3	1208 韦森特	台风	南海	7	深圳，湛江/海南	8，7
4	1209 苏　拉	强台风	西北太平洋	7	上海	
5	1210 达　维	台风	西北太平洋	7	上海，天津	11，1
6	1211 海　葵	强台风	西北太平洋	8	上海	
7	1213 启　德	台风	西北太平洋	8	深圳，湛江/海南	10，5
8	1214 天　秤	强台风	西北太平洋	8	上海，深圳	3，8
9	1215 布拉万	超强台风	西北太平洋	8	上海	3
10	1216 三　巴	超强台风	西北太平洋	9	上海	5
11	1217 杰拉华	超强台风	西北太平洋	9	上海	3
12	1223 山　神	强台风	西北太平洋	10	湛江/海南	7
13	1224 宝　霞	超强台风	西北太平洋	11	深圳	5

1）应对土台风“泰利”

1205号台风“泰利”于6月16日生成，18日加强为热带风暴后被正式命名，如图3.19所示。

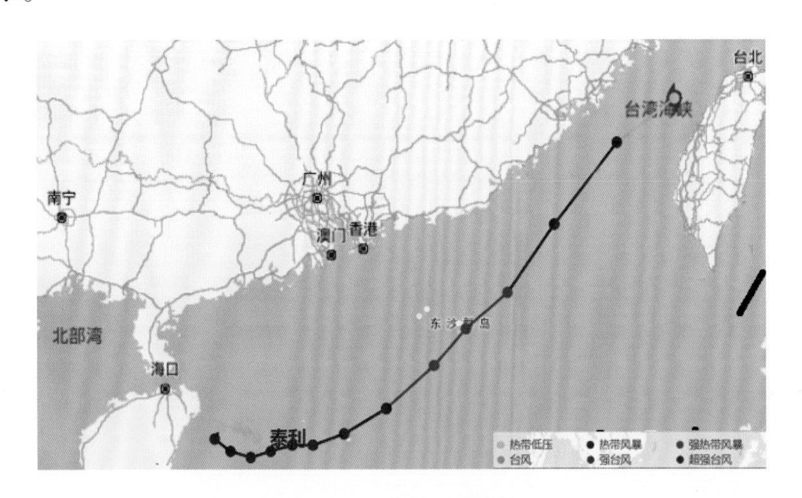

图3.19　土台风“泰利”

有限深圳分公司于16日发布台风预警，要求各作业单位收缩海上作业，做好防台准备，并部署撤离部分非生产人员。17日动用直升机44架次，撤离海上人员738人。

18日08:30召开首次防台应急会议，分析台风走势，了解海上作业动态，当天动用直升机70架次、船舶4艘，撤离海上人员1 298人；16:30召开第二次防台应急会议，分析讨论油田关停计划，并要求19日上午全部撤离。

19日08:30召开第三次防台应急会议，分析台风走势，了解撤台执行情况；随着最后一班直升机于12:10降落西丽机场，全海域的人员撤离工作顺利完成。

2）应对“双台风”

1209号台风“苏拉”和1210号台风“达维”同天在西北太平洋生成，两个台风携手登陆我国东部沿海，形成了罕见的“南北夹击”之势，如图3.20所示。

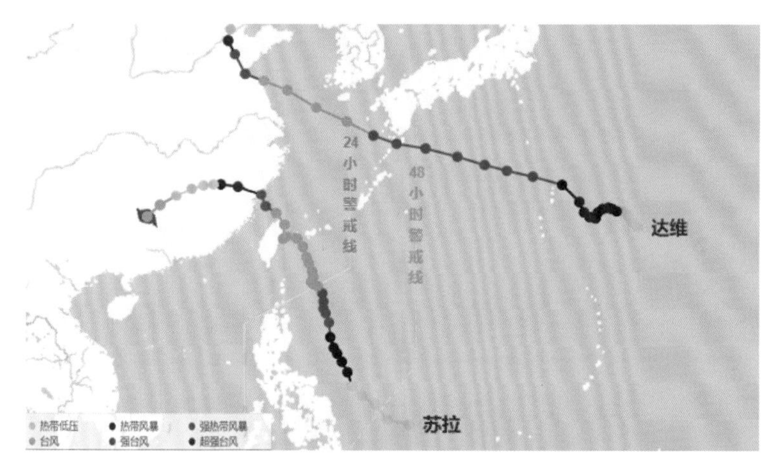

图3.20　双台风影响有限上海分公司

有限上海分公司于7月30日16:00召开首次防台应急会议并决定启动应急响应，所有海上石油设施暂停倒班，各作业单位将撤台人员名单提交应急值班室。

7月31日16:00召开第二次防台应急会议，要求作业船舶做好到锚地避风和人员撤离工作，当天动用直升机12架次，撤离海上人员178人。

8月1日08:00召开第三次防台应急会议，继续安排直升机进行人员撤离，下午召开会议决定每个海上生产设施最后一批人员的撤离时间；15:15召开第四次防台应急会议，要求当天完成海上生产设施所有人员的撤离工作，动用直升机14架次，撤离海上人员196人。

3.3.3　2013年海上油气田台风应对情况

2013年由国家气象中心编号的台风共31个（图3.21），其中在南海生成4个。生成时间主要集中在8—10月，共20个台风，占生成台风总数的65%。全年共生成超强台风6个，其中对海上油气田造成影响的有5个。

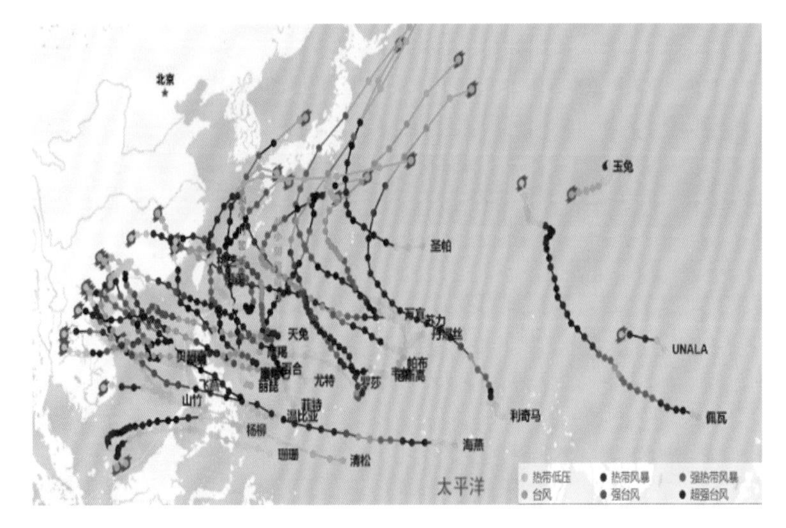

图3.21　2013年台风路径

进入或影响我国近海海域的台风有19个，进入南海（120°E以西）的有12个，进入东海（25°N以北、130°E以西）的有7个。对海上油气生产作业造成影响的台风有15个（图3.22），包括土台风4个，超强台风5个（占比33%），影响海上油气田勘探开发生产作业累计106天。

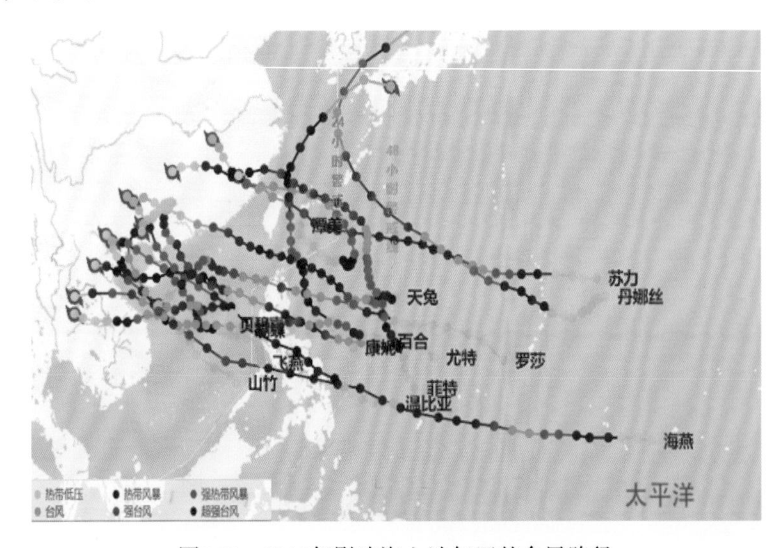

图3.22　2013年影响海上油气田的台风路径

按作业区域划分，影响有限上海分公司区域的台风有5个，影响作业天数19天；影响有限深圳分公司区域的台风有6个，影响作业天数36天；影响有限湛江/海南分公司区域的台风有10个，影响作业天数51天。具体情况见表3.7。

表3.7　2013年对海上油气田造成影响的台风情况

序号	编号与名称	台风等级	生成海域	生成月份	影响区域	影响天数（天）
1	1305 贝碧嘉	强热带风暴	南海	6	深圳，湛江/海南	6，6
2	1306 温比亚	台风	西北太平洋	6	深圳，湛江/海南	7，6
3	1307 苏　力	超强台风	西北太平洋	7	上海	4
4	1309 飞　燕	强热带风暴	南海	7	湛江/海南	7
5	1310 山　竹	热带风暴	南海	8	湛江/海南	3
6	1311 尤　特	超强台风	西北太平洋	8	深圳，湛江/海南	6，4
7	1312 潭　美	台风	西北太平洋	8	上海	4
8	1315 康　妮	强热带风暴	西北太平洋	8	上海	4
9	1319 天　兔	超强台风	西北太平洋	9	深圳，湛江/海南	6，3
10	1321 蝴　蝶	强台风	南海	9	湛江/海南	6
11	1323 菲　特	强台风	西北太平洋	9	上海	7
12	1324 丹娜丝	超强台风	西北太平洋	10	上海	
13	1325 百　合	强台风	西北太平洋	10	深圳，湛江/海南	4，5
14	1329 罗　莎	强台风	西北太平洋	10	深圳，湛江/海南	7，6
15	1330 海　燕	超强台风	西北太平洋	11	湛江/海南	5

1）应对土台风“贝碧嘉”

1305号台风“贝碧嘉”于21日08:00在南海北部形成，23日22:00在越南北部沿海登陆，如图3.23所示。

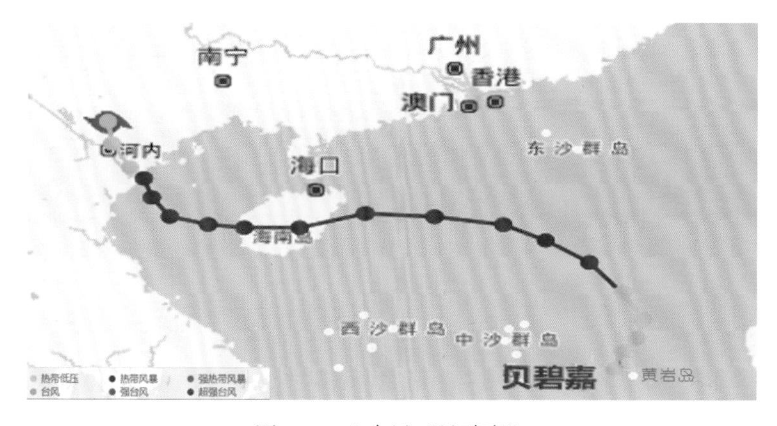

图3.23　土台风“贝碧嘉”

有限深圳分公司召开防台应急会议4次，动用直升机82架次，撤离海上人员1 617人。有限湛江/海南分公司动用直升机2架次、船舶2艘，撤离海上人员146人。

2）应对超强台风“天兔”

1319号超强台风“天兔”于9月17日02:00在菲律宾以东生成，19日17:00加强为超强台风，22日19:00在广东省沿海登陆，如图3.24所示。

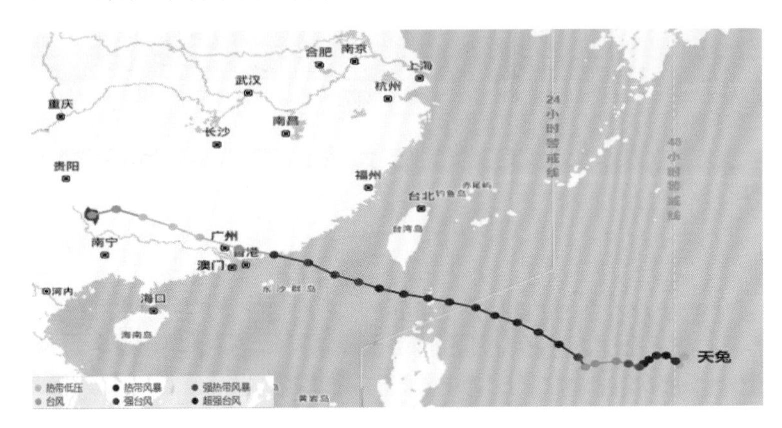

图3.24　超强台风“天兔”

有限深圳分公司动用直升机168架次，撤离海上人员3 104人，于21日下午完成全海域人员撤离。有限湛江/海南分公司动用直升机5架次，撤离海上人员63人，于21日晚完成文昌海域所有作业人员的撤离。

3）应对土台风“蝴蝶”

1321号强台风“蝴蝶”于9月27日14:00在南海中部生成，29日在海南省三沙市海域加强为强台风，30日下午到夜间在越南中部一带沿海登陆，如图3.25所示。有限湛江/海南分公司撤离崖城和东方作业区域的海上人员共计542人，海上生产装置由陆地终端遥控生产。

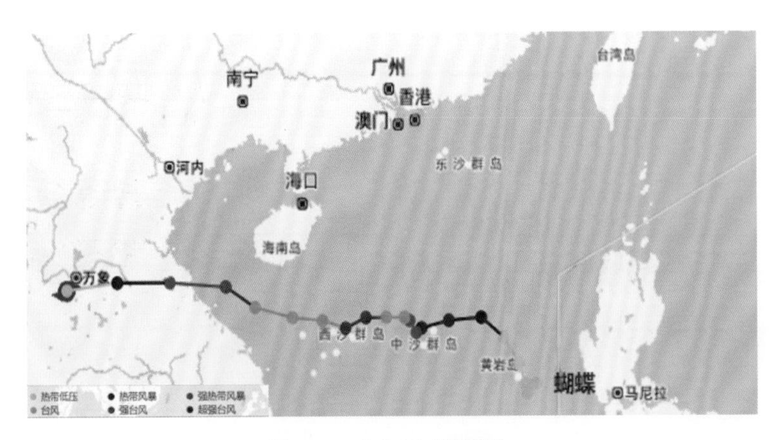

图3.25　土台风“蝴蝶”

4）应对“双台风”

1323号台风“菲特”于9月30日在菲律宾以东生成，1324号台风“丹娜丝”于10月4日生成，与“菲特”形成双台风影响有限上海分公司作业海域，如图3.26所示。

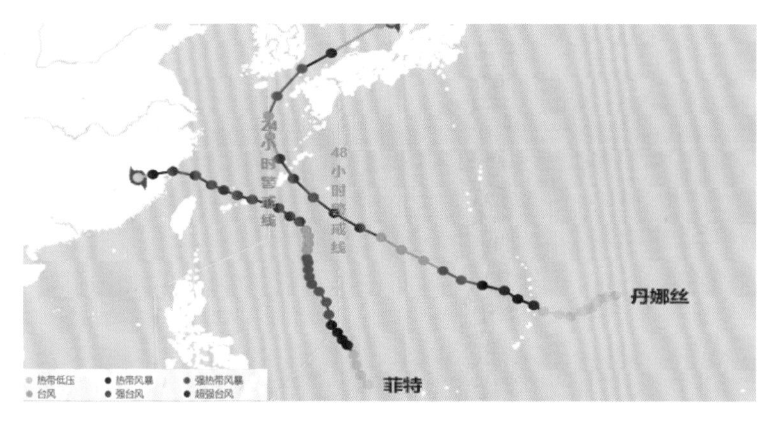

图3.26　双台风影响有限上海分公司

有限上海分公司于10月2日13:00召开首次防台会议并决定启动应急响应，当天动用直升机5架次，撤离非必要人员79人。3日10:00召开第二次防台应急会议，当天动用直升机21架次，撤离非必要人员353人。4日08:00召开防台应急第三次会议，当天动用直升机28架次，撤离海上人员425人，至5日00:30最后一班直升机安全降落舟山机场，本次撤台任务完成。

3.3.4　2014年海上油气田台风应对情况

2014年由国家气象中心编号的台风共23个（图3.27），65年来第一次出现8月无台风现象。生成时间主要集中在7月和9月，共11个台风（占比约48%）。大部分台风持续4～8天，生命史最长的是1411号台风“夏浪”，达14天。

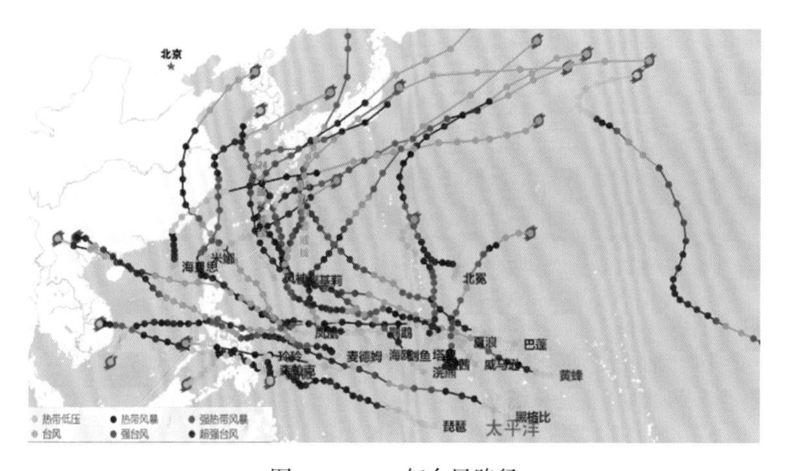

图3.27　2014年台风路径

进入或影响我国近海海域的台风有12个，进入南海（120°E以西）的有8个，进入东海（25°N以北、130°E以西）的有6个。对海上油气生产作业造成影响的台风有8个（图3.28），其中超强台风4个，占比50%，影响海上油气田勘探开发生产作业累计45天。

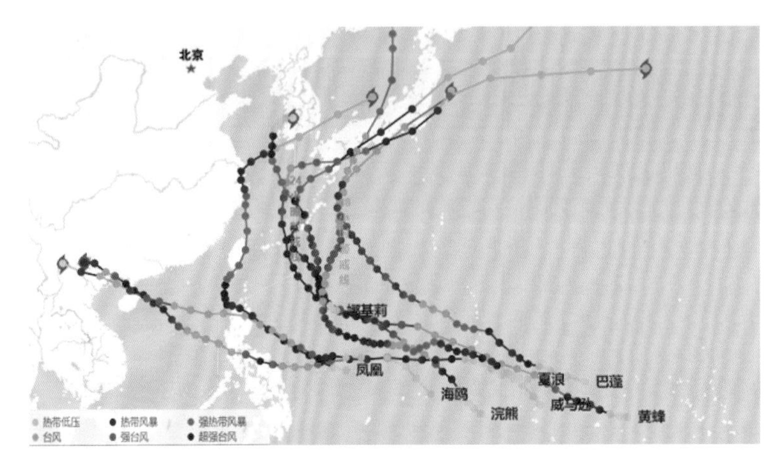

图3.28　2014年影响海上油气田的台风路径

按作业区域划分，影响有限上海分公司区域的台风有6个，影响作业天数为31天；影响有限深圳分公司和有限湛江/海南分公司区域的台风有2个，影响作业天数为14天。具体情况见表3.8。

表3.8　2014年对海上油气田造成影响的台风情况

序号	编号与名称	台风等级	生成海域	生成月份	影响区域	影响天数（天）
1	1408 浣　熊	超强台风	西北太平洋	7	上海	5
2	1409 威马逊	超强台风	西北太平洋	7	深圳，湛江/海南	8
3	1411 夏　浪	超强台风	西北太平洋	7	上海	6
4	1412 娜基莉	强热带风暴	西北太平洋	7	上海	4
5	1415 海　鸥	强台风	西北太平洋	9	深圳，湛江/海南	6
6	1416 凤　凰	强热带风暴	西北太平洋	9	上海	4
7	1418 巴　蓬	强台风	西北太平洋	9	上海	12
8	1419 黄　蜂	超强台风	西北太平洋	10	上海	

1）应对超强台风“威马逊”

1409号超强台风“威马逊”于7月12日生成，18日在海南省文昌市沿海登陆，如图

3.29所示。有限深圳分公司和有限湛江/海南分公司动用直升机214架次、船舶26艘，撤离海上人员5 405人。

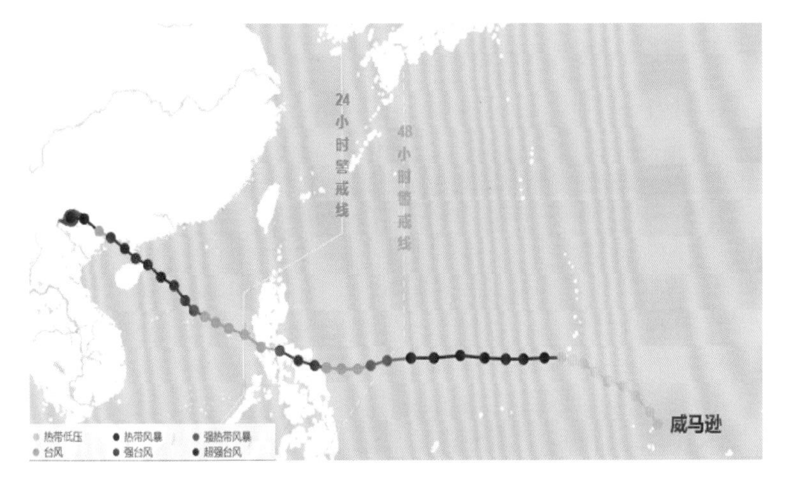

图3.29　超强台风“威马逊”

2）应对台风“娜基莉”

1412号台风“娜基莉”于7月31日至8月1日正面袭击有限上海分公司作业海域，如图3.30所示。有限上海分公司于30日上午启动防台应急响应，动用直升机10架次，撤离海上人员159人。

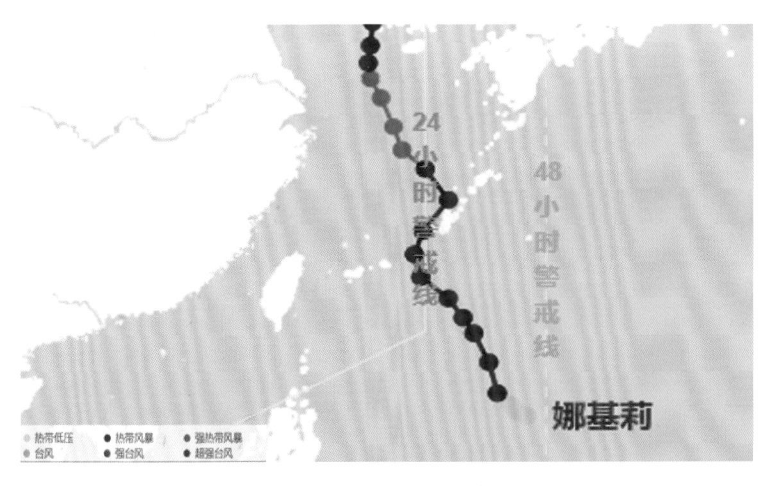

图3.30　台风“娜基莉”

3）应对台风“海鸥”

1415号台风“海鸥”于9月14日生成，16日分别在海南文昌和广东湛江登陆，如图3.31所示。有限深圳分公司动用直升机191架次，撤离海上人员3 371人，除番禺气田以台风模式生产外，所有油田关停。有限湛江/海南分公司动用直升机44架次、船舶29艘，撤离海上人员2 783人。

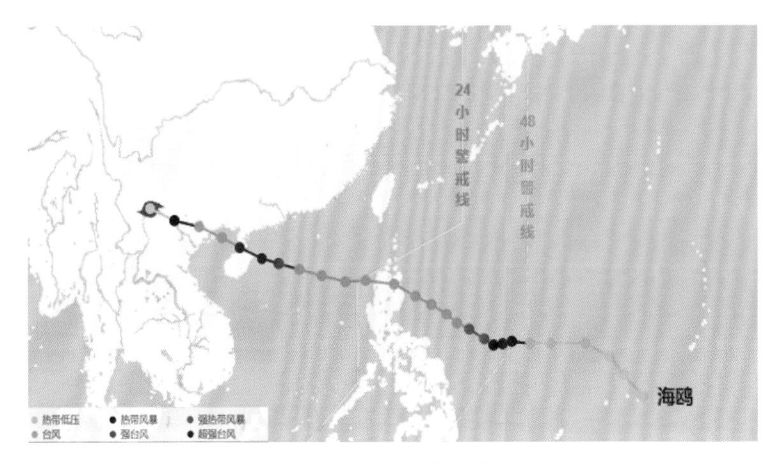

图3.31　台风“海鸥”

3.3.5　2015年海上油气田台风应对情况

2015年由国家气象中心编号的台风共27个（图3.32），生成时间主要集中在7—10月，共16个，占生成台风总数的64%。生成超强台风14个，强度在17级以上的有3个，分别为1504号台风“美莎克”、1513号台风“苏迪罗”和1516号台风“艾莎尼”。

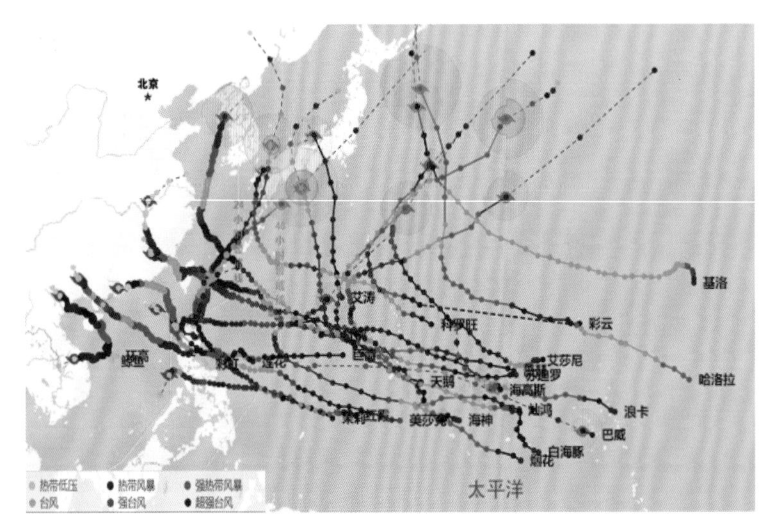

图3.32　2015年台风路径

进入或影响我国近海海域的台风有13个，进入南海（120°E以西）的有9个，进入东海（25°N以北、130°E以西）的有4个。对海上油气生产作业造成影响的台风有11个（图3.33），包括土台风1个，超强台风7个（占比64%），影响海上油气田勘探开发生产作业累计58天。

按作业区域划分，影响有限上海分公司区域的台风有7个，影响作业天数为34天；

影响有限深圳分公司区域的台风有4个，影响有限湛江/海南分公司区域的台风有2个，影响南海区域作业天数为24天。具体情况见表3.9。

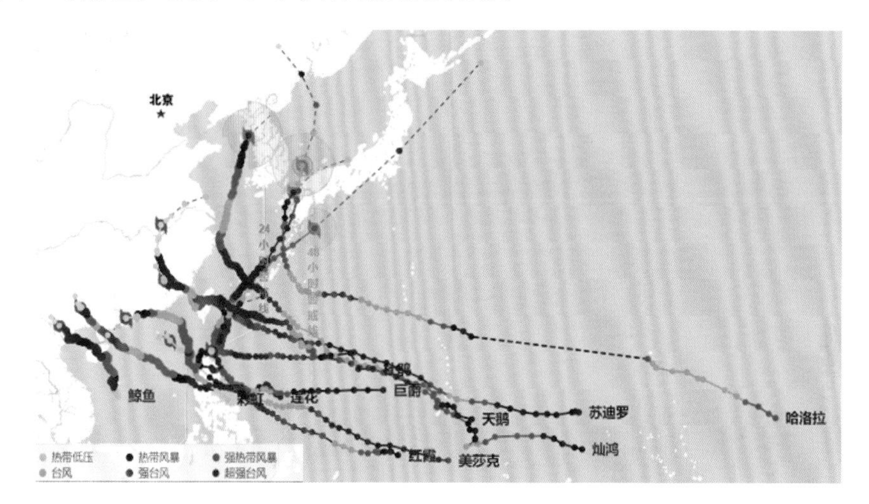

图3.33 2015年影响海上油气田的台风路径

表3.9 2015年对海上油气田造成影响的台风情况

序号	编号与名称	台风等级	生成海域	生成月份	影响区域	影响天数（天）
1	1504 美莎克	超强台风	西北太平洋	3	深圳	4
2	1506 红　霞	超强台风	西北太平洋	5	上海	2
3	1508 鲸　鱼	强热带风暴	南海	6	深圳，湛江/海南	4
4	1509 灿　鸿	超强台风	西北太平洋	6	上海	7
5	1510 莲　花	台风	西北太平洋	7	深圳	9
6	1512 哈洛拉	强台风	西北太平洋	7	上海	5
7	1513 苏迪罗	超强台风	西北太平洋	7	上海	6
8	1515 天　鹅	超强台风	西北太平洋	8	上海	7
9	1521 杜　鹃	超强台风	西北太平洋	9	上海	5
10	1522 彩　虹	强台风	西北太平洋	10	深圳，湛江/海南	7
11	1524 巨　爵	超强台风	西北太平洋	10	上海	2

1）应对超强台风“灿鸿”

1509号超强台风“灿鸿”于6月30日20:00在西北太平洋生成，7月9日23:00升级为超强台风，11日在浙江舟山沿海登陆。有限上海分公司于7月6日09:00启动防台应急响应，共召开6次防台应急会议，共动用直升机87架次、船舶2艘，撤离海上人员1 795人，如图3.34所示。

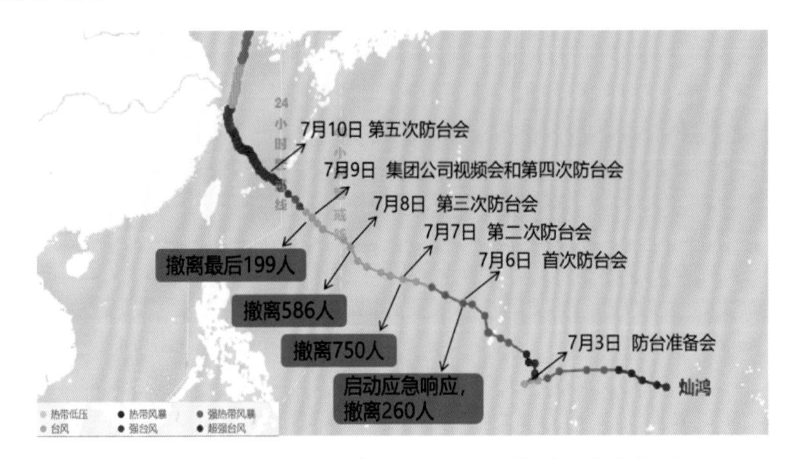

图3.34　有限上海分公司应对超强台风“灿鸿”的决策过程

2）应对台风“彩虹”

1522号台风“彩虹”于10月2日02:00被正式命名，4日14:00在广东省湛江市沿海登陆，是1949年以来登陆广东最强的台风，如图3.35所示。有限湛江/海南分公司和有限深圳分公司于3日晚完成全海域人员撤离，动用直升机117架次、船舶24艘，撤离海上人员3 385人。

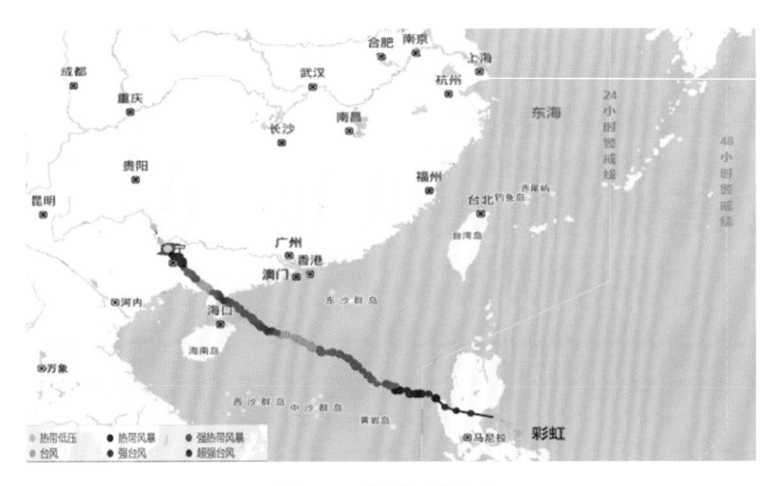

图3.35　台风“彩虹”

3.3.6　2016年海上油气田台风应对情况

2016年由国家气象中心编号的台风共26个（图3.36），台风总体较强，其中强台风以上强度的台风达13个，占生成台风总数的50%。初台偏晚（7月3日），终台偏晚（12月22日），且出现了“双台风”和“三台风”同时存在的现象。17级以上的超强台风有3个，分别为1601号台风“尼伯特”、1614号台风“莫兰蒂”和1622号台风“海马”。

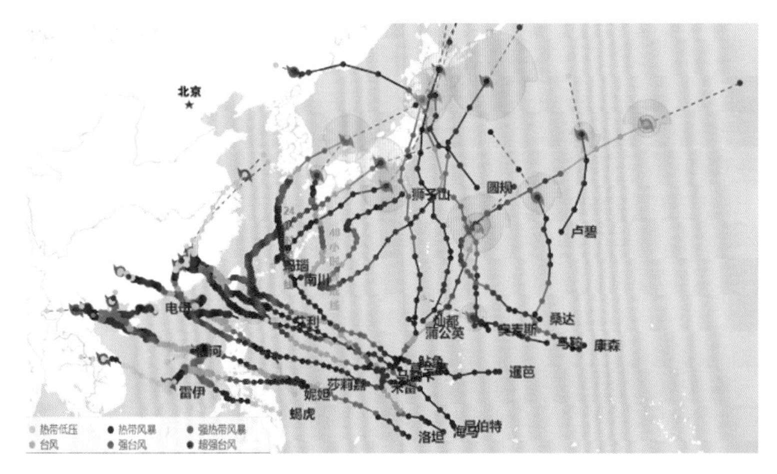

图3.36　2016年台风路径

进入或影响我国近海海域的台风有16个，进入南海（120°E以西）的有12个，进入东海（25°N以北、130°E以西）的有4个。对海上油气生产作业造成影响的台风有14个（图3.37），包括土台风2个，超强台风7个（占比50%），影响海上油气田勘探开发生产作业累计78天。

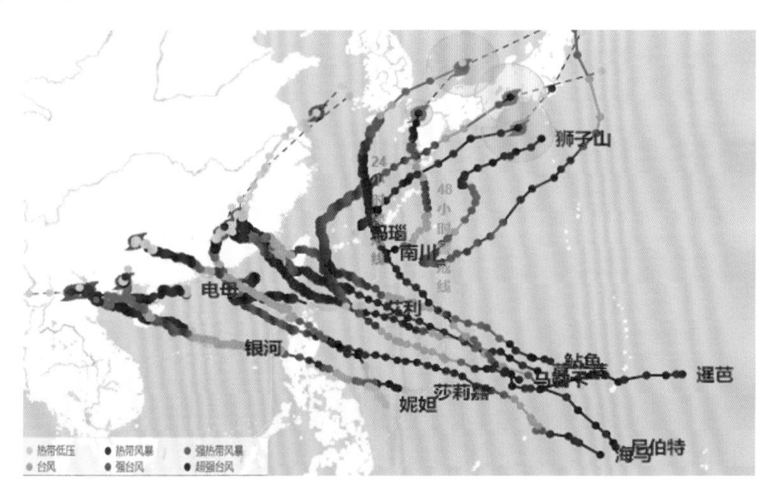

图3.37　2016年影响海上油气田的台风路径

按作业区域划分，影响有限上海分公司区域的台风有8个，影响作业天数为21天；影响有限深圳分公司区域的台风有7个，影响作业天数为34天；影响有限湛江/海南分公司区域的台风有5个，影响作业天数为23天。具体情况见表3.10。

表3.10　2016年对海上油气田造成影响的台风情况

序号	编号与名称	台风等级	生成海域	生成月份	影响区域	影响天数（天）
1	1601 尼伯特	超强台风	西北太平洋	7	上海，深圳	4，2
2	1603 银　河	台风	南海	7	湛江/海南	4
3	1604 妮　妲	强热带风暴	西北太平洋	7	深圳	5
4	1608 电　母	热带风暴	南海	8	湛江/海南	4
5	1610 狮子山	超强台风	西北太平洋	8	上海	2
6	1612 南　川	强台风	西北太平洋	9	上海	2
7	1613 玛　瑙	热带风暴	西北太平洋	9	上海	2
8	1614 莫兰蒂	超强台风	西北太平洋	9	上海，深圳	2，6
9	1616 马勒卡	强台风	西北太平洋	9	上海	3
10	1617 鲇　鱼	超强台风	西北太平洋	9	上海，深圳	2，6
11	1618 暹　芭	超强台风	西北太平洋	9	上海	4
12	1619 艾　利	强热带风暴	西北太平洋	10	深圳，湛江/海南	7，7
13	1621 莎莉嘉	超强台风	西北太平洋	10	深圳，湛江/海南	8，8
14	1622 海　马	超强台风	西北太平洋	10	深圳，湛江/海南	

1）应对台风“妮妲”

1604号台风“妮妲”于7月30日18:00被正式命名，8月2日02:00加强为强台风，如图3.38所示。有限深圳分公司于29日召开首次防台应急会议，部署撤离计划，当天动用直升机25架次，撤离海上人员444人。30日，召开第二次防台应急会议，动用直升机54架次，撤离海上人员940人。31日，动用直升机46架次，撤离海上人员810人。

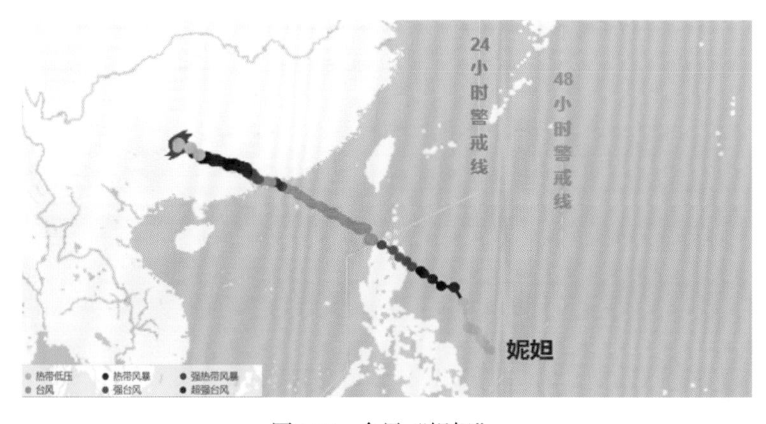

图3.38　台风“妮妲”

2）应对“双台风”

1614号超强台风“莫兰蒂”于9月10日在西北太平洋生成，1616号台风“马勒卡”于13日生成，与“莫兰蒂”形成前后夹击东海之势。根据气象预报，“莫兰蒂”登陆后将影响舟山基地，且台风“马勒卡”将正面袭击东海，双台风形如剪刀口，如图3.39所示。

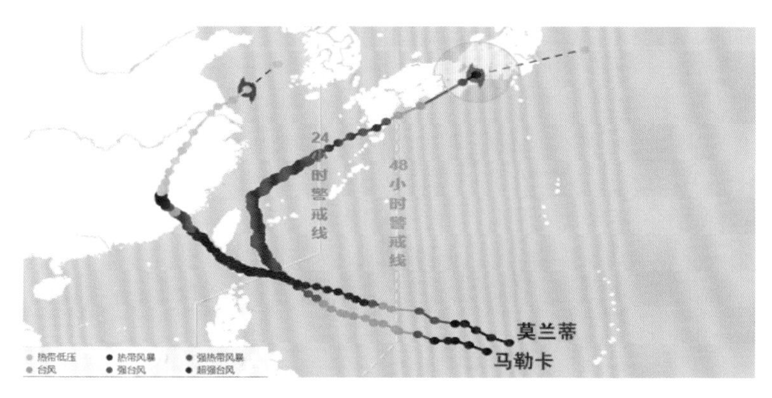

图3.39　双台风影响有限上海分公司

由于有限上海分公司所有海上石油设施均在其威胁范围内，因此将3个作业区域及舟山锚地共550人全部撤离。为了防止先登陆的“莫兰蒂”断后路，因此采取提前撤离的策略，9月14日启动防台应急响应后，有序撤离西湖和平湖作业区域的全部人员，实践证明完全正确。

3）应对超强台风“海马”

1622号台风“海马”于10月15日09:00被正式命名，16日14:00加强为台风级，17日08:00加强为强台风级，17:00加强为超强台风级，如图3.40所示。有限深圳分公司于17日召开防台应急会议并启动防台应急响应，部署人员撤离及生产关停计划。18日，动用直升机42架次，撤离海上人员640人。19日，动用直升机45架次，撤离剩余的海上人员810人，并于17:30前完成全海域撤台。

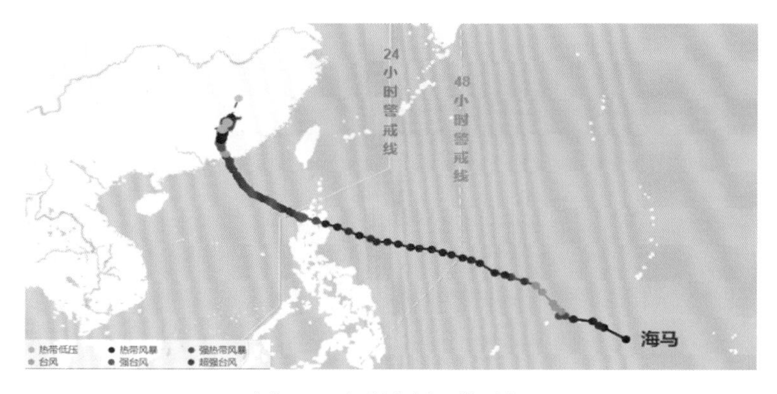

图3.40　超强台风“海马”

3.3.7　2017年海上油气田台风应对情况

2017年由国家气象中心编号的台风共27个（图3.41），整体走向以西行路径为主，对南海的影响比较严重。生成时间为4—12月，其中7—8月比较集中，共生成13个，占生成台风总数的48%。台风强度总体偏弱，台风以下级别占比70%，但对海上油气田造成影响的超强台风有4个，分别为1705号台风“奥鹿”、1713号台风“天鸽”、1718号台风“泰利”和1721号台风“兰恩”。

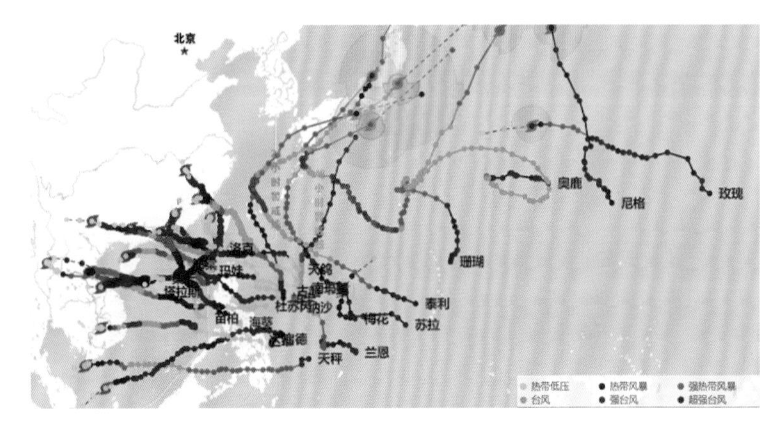

图3.41　2017年台风路径

进入或影响我国近海海域的台风有19个，进入南海（120°E以西）的有14个，进入东海（25°N以北、130°E以西）的有5个。对海上油气生产作业造成影响的台风有11个（图3.42），包括土台风2个，超强台风4个（占比36%），影响海上油气田勘探开发生产作业累计81天。

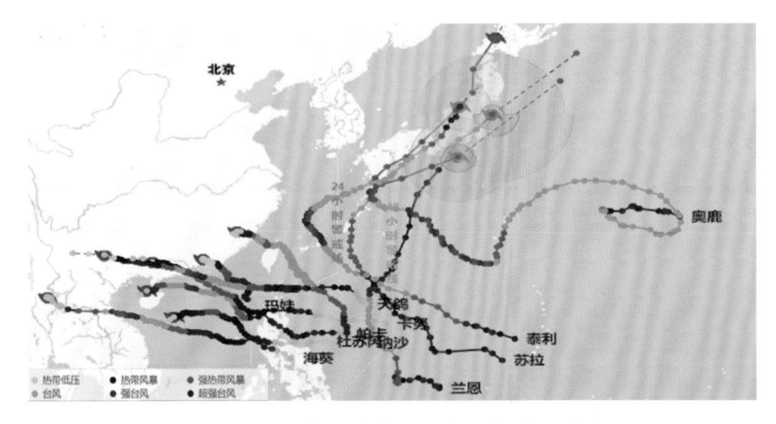

图3.42　2017年影响海上油气田的台风路径

按作业区域划分，影响有限上海分公司区域的台风有5个，影响作业天数为23天；影响有限深圳分公司区域的台风有5个，影响作业天数为35天；影响有限湛江/海南分公司区域的台风有4个，影响作业天数为23天。具体情况见表3.11。

表3.11　2017年对海上油气田造成影响的台风情况

序号	编号与名称	台风等级	生成海域	生成月份	影响区域	影响天数（天）
1	1705 奥　鹿	超强台风	西北太平洋	7	上海	5
2	1709 纳　沙	台风	西北太平洋	7	上海	2
3	1713 天　鸽	超强台风	西北太平洋	8	深圳	7
4	1714 帕　卡	强热带风暴	西北太平洋	8	深圳，湛江/海南	5，4
5	1716 玛　娃	强热带风暴	南海	9	深圳	9
6	1718 泰　利	超强台风	西北太平洋	9	上海	7
7	1719 杜苏芮	强台风	西北太平洋	9	深圳，湛江/海南	5，7
8	1720 卡　努	强台风	西北太平洋	10	深圳，湛江/海南	9，8
9	1721 兰　恩	超强台风	西北太平洋	10	上海	4
10	1722 苏　拉	台风	西北太平洋	10	上海	5
11	1724 海　葵	强热带风暴	南海	11	湛江/海南	4

1）应对超强台风“天鸽”

1713号超强台风“天鸽”于8月20日14:00被正式命名，22日08:00加强为强热带风暴，15:00加强为台风，23日07:00加强为强台风，随后加强为超强台风，如图3.43所示。

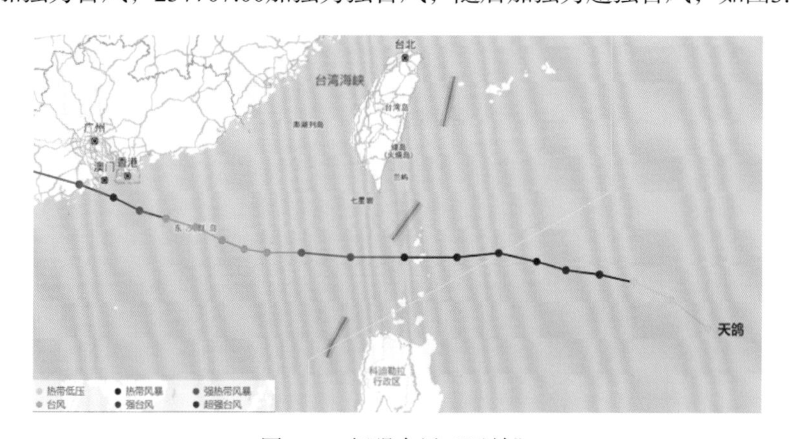

图3.43　超强台风“天鸽”

有限深圳分公司于8月19日召开防台应急会议，当天动用直升机6架次，撤离海上人员114人。20日，动用直升机22架次，撤离海上人员406人。21日，动用直升机49架次，撤离海上人员882人。22—23日，共动用直升机65架次，撤离海上人员1 181人。

按照计划应于22日18:00前，即在台风中心进入有限深圳分公司作业海域红色警戒区之前，撤离全部海上作业人员。但是由于当日下午15:00到18:00期间珠海机场和航路受强对流天气及强降雨影响，直升机无法起飞，导致最后两班直升机延误至晚上，最后于23日凌晨才完成全海域人员撤离。

2）应对超强台风“泰利”

1718号超强台风“泰利”于9月9日21:00被正式命名，13日达到超强台风级，如图3.44所示。

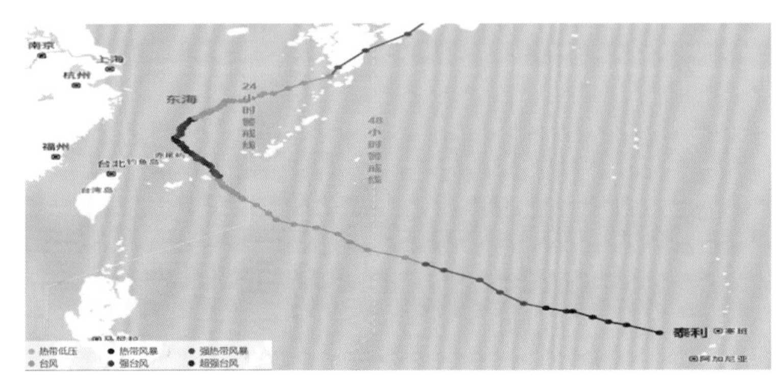

图3.44　超强台风“泰利”

有限上海分公司于9月11日召开防台准备会议，要求各作业单位严格控制海上作业人数，上报撤离计划，此时台风距离作业区域1 500 km。

12日10:00启动防台应急响应，动用直升机48架次、船舶6艘，撤离丽水作业区域全部海上人员35人、西湖和平湖作业区域海上人员561人。13日，继续撤离西湖作业区域、平湖作业区域及舟山锚地全部剩余工作人员303人，20:00前完成了全部撤台任务。

3）应对台风“卡努”

1720号台风“卡努”于10月12日21:00被正式命名，15日12:00加强为强台风，如图3.45所示。

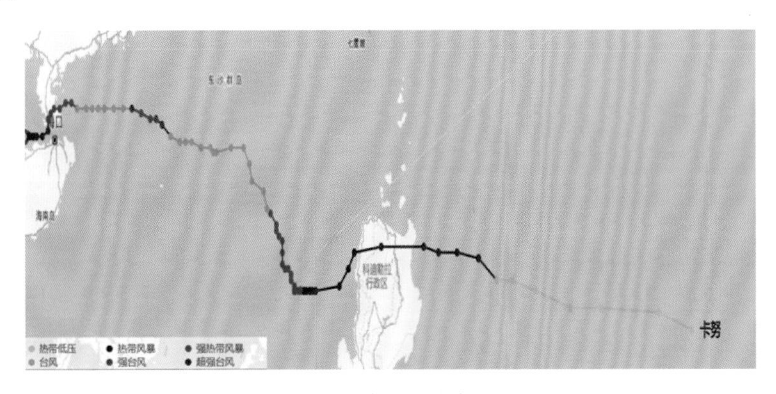

图3.45　台风“卡努”

有限深圳分公司于10月12日召开首次防台应急会议，动用直升机42架次、船舶1艘，撤离海上人员746人。13日召开第二次防台应急会议，确定生产关停时间，当天动用直升机49架次，撤离海上人员893人。14日，动用直升机31架次，撤离海上人员530人。

3.3.8　2018年海上油气田台风应对情况

2018年由国家气象中心编号的台风共29个（图3.46），整体走向以西北行或转向路径为主，对东海的影响较大。分布集中在6—9月，共生成22个，占生成台风总数的76%。强度达到超强台风级别的有7个，其中对海上油气田造成影响的有5个。

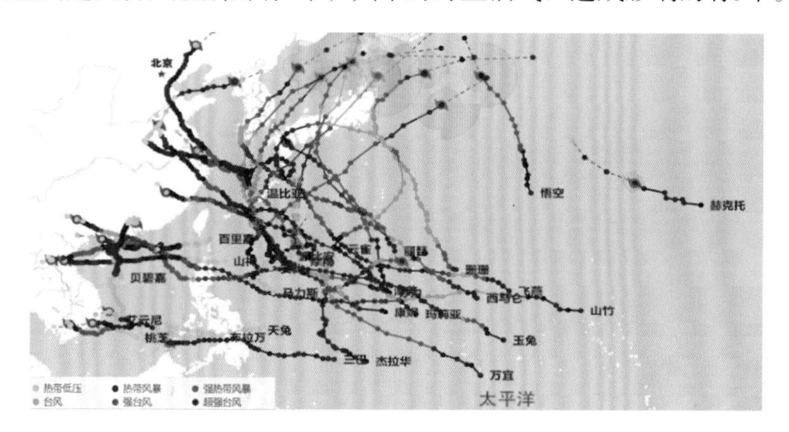

图3.46　2018年台风路径

进入或影响我国近海海域的台风有19个，进入南海（120°E以西）的有9个，进入东海（25°N以北、130°E以西）的有10个。对海上油气生产作业造成影响的台风有12个（图3.47），包括土台风4个，超强台风5个（占比42%），影响海上油气田勘探开发生产作业累计134天。

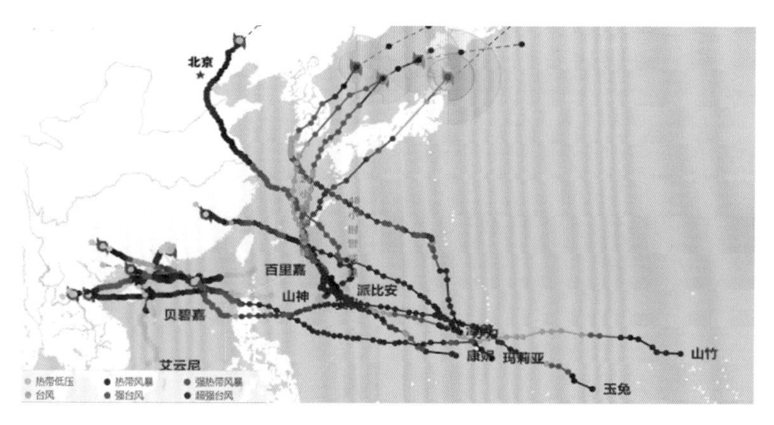

图3.47　2018年影响海上油气田的台风路径

按作业区域划分，影响有限上海分公司区域的台风有6个，影响作业天数为47天；

影响有限深圳分公司区域的台风有6个，影响作业天数为54天；影响有限湛江/海南分公司区域的台风有5个，影响作业天数为33天。具体情况见表3.12。

表3.12　2018年对海上油气田造成影响的台风情况

序号	编号与名称	台风等级	生成海域	生成月份	影响区域	影响天数（天）
1	1804 艾云尼	热带风暴	南海	6	深圳，湛江/海南	11，8
2	1807 派比安	台风	西北太平洋	6	上海	6
3	1808 玛莉亚	超强台风	西北太平洋	7	上海	9
4	1809 山　神	热带风暴	南海	7	深圳，湛江/海南	8，3
5	1810 安　比	强热带风暴	西北太平洋	7	上海	10
6	1816 贝碧嘉	强热带风暴	南海	8	湛江/海南	12
7	1819 苏　力	强台风	西北太平洋	8	上海	10
8	1822 山　竹	超强台风	西北太平洋	9	深圳，湛江/海南	16，10
9	1823 百里嘉	强热带风暴	南海	9	深圳，湛江/海南	
10	1824 潭　美	超强台风	西北太平洋	9	上海	6
11	1825 康　妮	超强台风	西北太平洋	9	深圳，上海	8，6
12	1826 玉　兔	超强台风	西北太平洋	9	深圳	11

1）应对“双台风”

9月3日有限深圳分公司收到大连海事大学的气象预报，4天后将有土台风生成并影响公司作业海域，协调部立即以邮件形式向各作业单位发出预警，要求控制海上作业人数。

7日，动用直升机9架次，撤离非必要人员163人。8日，动用直升机56架次，撤离海上人员1 014人。9日“山竹”加强为台风，预计强度会继续加强并向作业区域移动，当天动用直升机56架次，撤离1 020人。10日09:00召开首次防台应急会议，当天动用直升机34架次，撤离流花和陆丰作业区域的全部海上人员606人。11日08:00土台风“百里嘉”被正式命名，中央气象台预报台风“山竹”进入南海后将达到超强台风级别，截至当天18:00完成所有海上人员的撤离和生产的关停工作。

12日台风“百里嘉”中心穿过作业区域。16日台风“山竹”中心到达陆丰作业区域附近，风速约50m/s，浪高约16 m。虽然台风“山竹”比“百里嘉”早生成3天以上，但由于“百里嘉”生成地在南海，因此“百里嘉”先对海上作业造成影响，如图3.48所示。

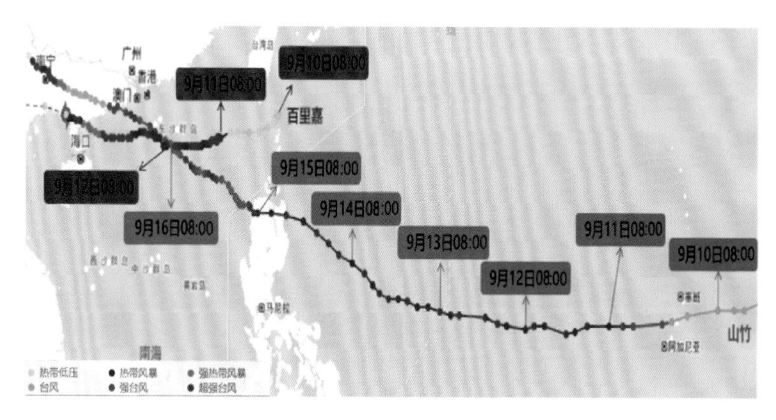

图3.48　双台风移动路径及关键时间节点

2）应对超强台风“玉兔”

1826号台风“玉兔”于10月22日03:00被正式命名，24日05:00左右加强为超强台风，如图3.49所示。

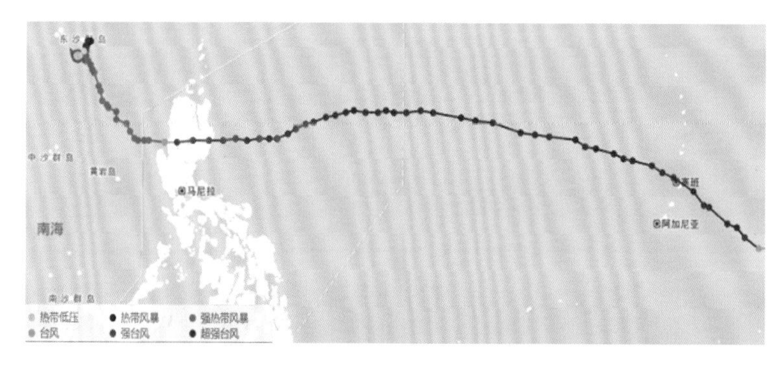

图3.49　超强台风“玉兔”

有限深圳分公司于25日11:00召开首次防台应急会议，当天撤离海上人员37人。26日“玉兔”已升级为超强台风，预计30日晚进入南海，当天动用直升机12架次，撤离海上人员228人。27日，动用直升机30架次，撤离海上人员570人。28日，动用直升机39架次，撤离海上人员735人。

29日10:00召开第二次防台应急会议，11:00台风中心到达绿色警戒区，动用直升机42架次，撤离海上人员762人。30日08:00，台风中心到达黄色警戒区，动用直升机35架次，撤离海上人员580人。31日18:00完成全海域人员的撤离，此时台风中心到达红色警戒区。

3.3.9　2019年海上油气田台风应对情况

2019年由国家气象中心编号的台风共29个（图3.50），初台时间偏晚、11月台风数偏多、北上台风偏多。总体强度较弱，但超强台风“玲玲”的实测最大强度超过17级，给有限上海分公司造成了有史以来最严重的生产和钻井设施损失；超强台风“利奇马”对有限天津分公司产生了一定的影响。

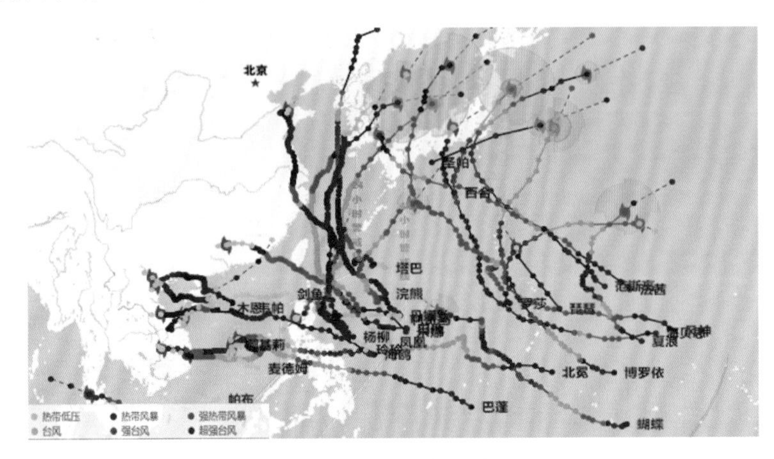

图3.50　2019年台风路径

进入或影响我国近海海域的台风有17个，进入南海（120°E以西）的有10个，进入东海（25°N以北、130°E以西）的有7个。对海上油气生产作业造成影响的台风有12个（图3.51），包括土台风4个，超强台风2个（占比17%），影响海上油气田勘探开发生产作业累计86天。

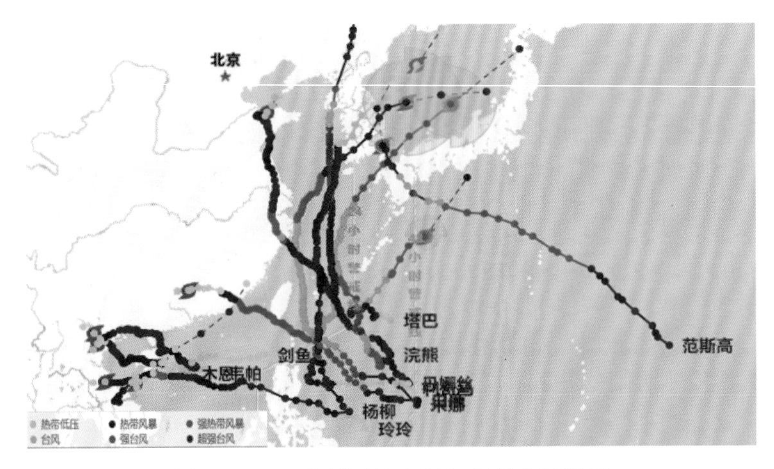

图3.51　2019年影响海上油气田的台风路径

按作业区域划分，影响有限天津分公司区域的台风有1个，影响作业天数为5天；影响有限上海分公司区域的台风有6个，影响作业天数为26天；影响有限深圳分公司区域的台风有5个，影响作业天数为40天；影响有限湛江/海南分公司区域的台风有3个，影响作业天数为15天。具体情况见表3.13。

表3.13 2019年对海上油气田造成影响的台风情况

序号	编号与名称	台风等级	生成海域	生成月份	影响区域	影响天数（天）
1	1904 木　恩	热带风暴	南海	7	深圳	5
2	1905 丹娜丝	热带风暴	西北太平洋	7	深圳	10
3	1907 韦　帕	热带风暴	南海	7	湛江/海南	4
4	1908 范斯高	强台风	西北太平洋	8	上海	2
5	1909 利奇马	超强台风	西北太平洋	8	上海，天津	7，5
6	1911 白　鹿	强热带风暴	西北太平洋	8	深圳	8
7	1912 杨　柳	强热带风暴	南海	8	深圳，湛江/海南	8，5
8	1913 玲　玲	超强台风	西北太平洋	9	上海	6
9	1914 剑　鱼	热带风暴	南海	9	湛江/海南	6
10	1917 塔　巴	台风	西北太平洋	9	上海	4
11	1918 米　娜	台风	西北太平洋	9	上海，深圳	5，9
12	1920 浣　熊	强台风	西北太平洋	10	上海	2

1）应对台风“丹娜丝”

1905号台风“丹娜丝”于7月16日15:00被正式命名，17日上午由菲律宾吕宋岛附近北上，如图3.52所示。有限深圳分公司动用直升机72架次，撤离海上人员1 314人。

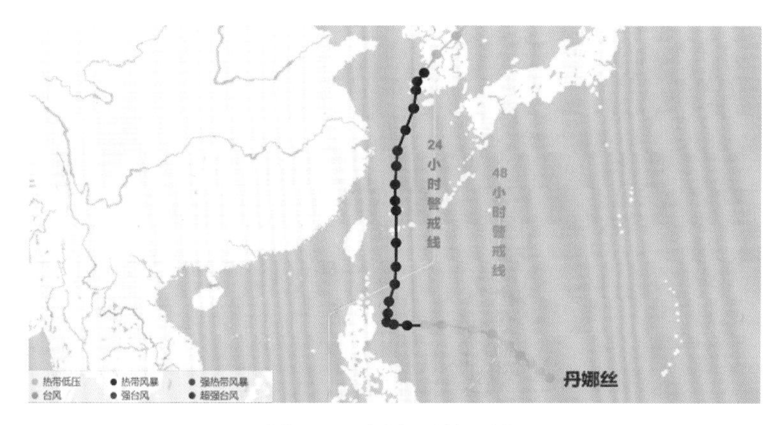

图 3.52　台风“丹娜丝”

2）应对超强台风“玲玲”

1913号台风“玲玲”于9月2日10:00被正式命名，5日加强为超强台风，6日以强台风级进入黄海南部，有限上海分公司的具体应对过程见图3.53。

2日12:30召开首次防台应急会议，当天动用直升机4架次，撤离非必要人员67人。3日08:00，预报海上作业区域受影响风力达14级，公司召开第二次防台应急会议并启动防台应急响应，当天动用直升机16架次、船舶4艘，撤离海上人员511人。4日08:00召开第三次防台应急会议，继续撤离西湖和平湖作业区域剩余的全部海上人员120人；预报台风不进入丽水作业区域的红色警戒区且影响风力较小，因此暂不撤离丽水作业区域的海上人员。5日，预报台风路径仍然不进入丽水作业区域的红色警戒区，但台风强度增强为16级，为确保安全，撤离剩余的全部海上人员40人。

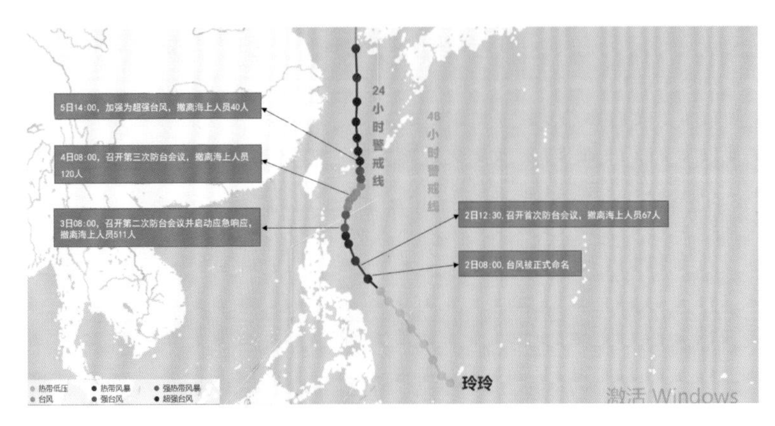

图3.53　有限上海分公司应对超强台风“玲玲”

3.3.10　2020年海上油气田台风应对情况

2020年由国家气象中心编号的台风共23个（图3.54），整体走向以偏西路径为主。强度总体偏强，且生成的3个超强台风均对海上油气田造成影响。生成时间主要集中在8—10月，占生成台风总数的78%，其中10月共生成7个，追平了历史最高纪录。值得一提的是2020年首次出现了自1945年有记录以来7月无台风生成的现象。

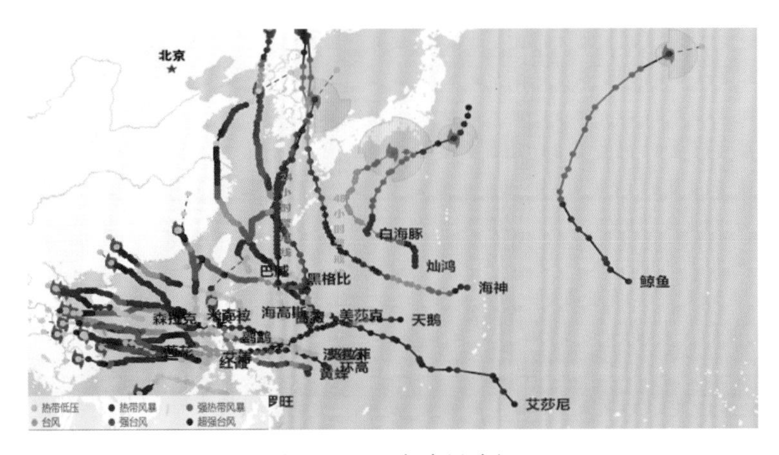

图3.54　2020年台风路径

进入或影响我国近海海域的台风有19个，进入南海（120°E以西）的有13个，进入东海（25°N以北、130°E以西）的有6个。对海上油气生产作业造成影响的台风有15个

（图3.55），包括土台风5个，超强台风3个（占比20%），影响海上油气田勘探开发生产作业累计96天。

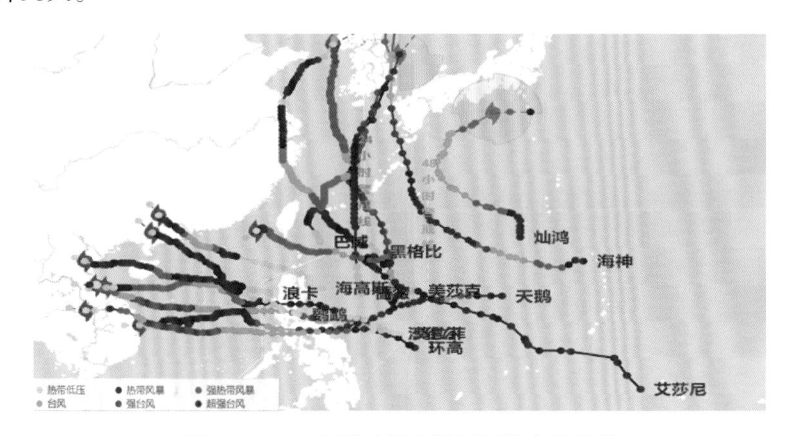

图3.55　2020年影响海上油气田的台风路径

按作业区域划分，影响有限天津分公司区域的台风有1个，影响作业天数为4天；影响有限上海分公司区域的台风有6个，影响作业天数为21天；影响有限深圳分公司区域的台风有4个，影响作业天数为34天；影响有限湛江/海南分公司区域的台风有9个，影响作业天数为37天。具体情况见表3.14。

表3.14　2020年对海上油气田造成影响的台风情况

序号	编号与名称	台风等级	生成海域	生成月份	影响区域	影响天数（天）
1	2002 鹦　鹉	热带风暴	南海	6	深圳，湛江/海南	8，2
2	2004 黑格比	台风	西北太平洋	8	上海	4
3	2005 蔷　薇	热带风暴	西北太平洋	8	上海	4
4	2007 海高斯	台风	南海	8	深圳，湛江/海南	3，4
5	2008 巴　威	强台风	南海	8	上海，天津	5，4
6	2009 美莎克	超强台风	西北太平洋	8	上海	3
7	2010 海　神	超强台风	西北太平洋	9	上海	2
8	2011 红　霞	强热带风暴	南海	9	湛江/海南	5
9	2014 灿　鸿	台风	西北太平洋	10	上海	3
10	2016 浪　卡	强热带风暴	南海	10	湛江/海南	4
11	2017 沙德尔	台风	西北太平洋	10	深圳，湛江/海南	12，3
12	2018 莫拉菲	强台风	西北太平洋	10	湛江/海南	6
13	2019 天　鹅	超强台风	西北太平洋	10	湛江/海南	3
14	2020 艾莎尼	台风	西北太平洋	10	深圳，湛江/海南	11，4
15	2022 环　高	强台风	西北太平洋	11	湛江/海南	6

1）应对超强台风“美莎克”

2009号超强台风“美莎克”于8月28日15:00被正式命名，随后向东海海域移动，并于9月1日加强为超强台风，如图3.56所示。有限上海分公司动用直升机15架次，撤离海上人员236人。

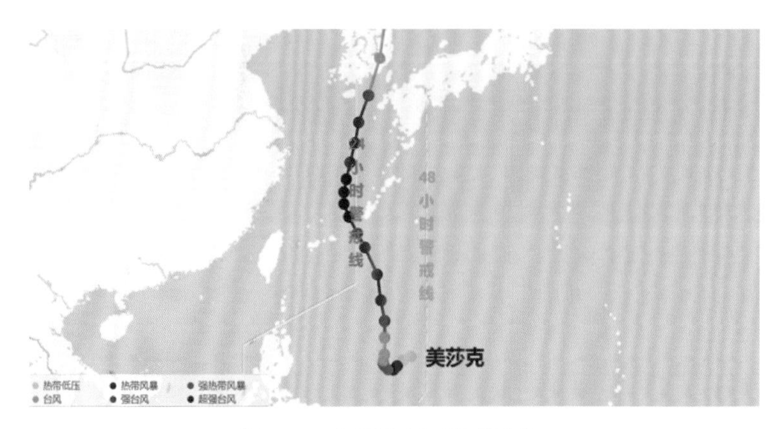

图3.56　超强台风“美莎克”

2）应对台风“艾莎尼”

2020号台风“艾莎尼”于10月29日21:00被正式命名，11月4日加强为强热带风暴，11月5日加强为台风，如图3.57所示。有限深圳分公司动用直升机123架次，撤离海上人员2 280人。

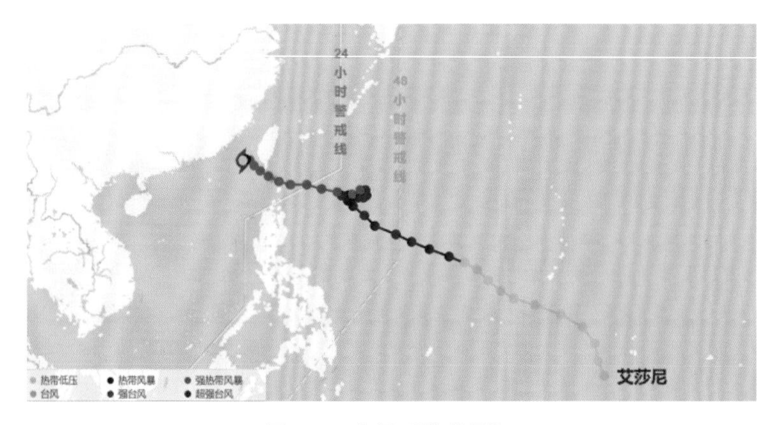

图3.57　台风“艾莎尼”

第4章

海上油气田防台历程

中国海上油气田的发展历程，最早可追溯到20世纪50年代。1958年，在莺歌海成功打下3口初探井，获得10 kg低硫、低蜡、低凝原油。1967年，在渤海湾钻出了海上第一口深探井“海1井”，日产原油35.2 t，天然气1 941 m³。经过20多年的艰苦探索，为起步的海洋石油工业积累了一定的经验，直到1982年中国海油成立，标志着海上油气田开发进入了发展的快车道。

考虑到海上油气田开发在中国海油成立之前的总体水平较低，还很不成熟，处于尝试阶段，因此本书中海上油气田的防台历程从1982年开始，至2021年结束。40年来，海上油气田的防台工作在克服困难中不断进步，防台能力在应对挑战中持续提升，防台理念也发生了显著的变化。

纵观海上油气田的防台发展历程，可以划分为四个阶段（图4.1）。第一阶段是从1982—2001年的被动应对阶段；第二阶段是2002—2009年的主动防范阶段；第三阶段是2010—2018年的积极防御阶段；第四阶段是2019—2021年的科学防治阶段。

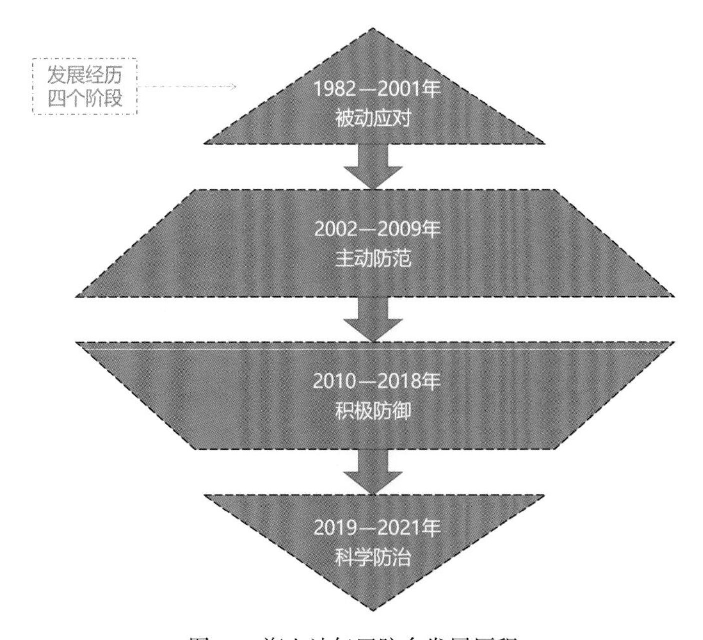

图4.1　海上油气田防台发展历程

4.1　被动应对阶段

中国海油是沐浴着改革开放的春风应运而生的，是中国对外开放的试验田、探索地和先行者，也开启了中国石油工业改革开放的破冰之旅。国家早在1978年1月就派出了考察团到美国学习海上石油开发经验，同年3月向中央政治局汇报后当即获得批复：“在不损害国家主权与民族利益的前提下，积极探索一条与国外合作勘探开发海上石油的路子来。”

1982年2月15日，国务院批准成立中国海洋石油总公司，标志着中国海油的正式诞生。受当时国情的影响，全党、全国上下形成了坚持“以经济建设为中心”的共识，发展主要强调经济的快速运行和国内生产总值的高速增长。虽然党和政府高度重视防台工作，但当时我国海上油气田防台工作依然存在管理和应急力量分散、应急体系缺乏、台风监测和预报预警技术薄弱以及防台意识不强等问题，防台应急工作通常采取“临时响应”和“台风来后抗击”的被动应对方式。

中国海油从成立之初就十分重视企业安全，并通过学习发达国家经验，不断探索海洋石油工业安全管理模式。但鉴于当时国内整体发展水平较低，加之防台经验和技术不足、海上石油工业本身具有的复杂性和危险性，公司在防台管理工作方面还处于艰苦的探索阶段。这一时期，台风给我国刚刚起步的海洋石油工业带来了惨痛的教训，客观上也助推了海洋石油工业在安全管理方面四梁八柱的建立。

4.1.1　海洋石油安全管理机构设立

1983年10月25日，由美国阿科石油公司租用在我国莺歌海石油合同区承包钻井作业的美国环球海洋钻井公司“爪哇海”号钻井船，遭到了8316号台风的袭击，沉没在距离原钻井井位西南275 m处，钻井船上共81人无一人幸存，事故的全部损失达3.5亿美元。事后调查认为，作业者和钻井承包商对南海台风的破坏性认识不足，不听取合作方中国海油的忠告，没有及早采取预防措施，延误了避台时机。在台风袭击作业区域时，采用的稳固措施不正确，用9条锚链紧紧拉住钻井船，使其正面受到了最大风浪的袭击，由于某些不明原因的结构破坏，造成船的主体结构右舷断裂，6号舱和7号舱进水，最终导致了惨剧的发生。

在深刻吸取“爪哇海”号翻沉事故教训后，为了强化海洋石油安全生产管理，1984年中国海油组团访问了多个海洋石油工业发达的国家，了解和学习海洋石油作业安全管理经验，借鉴海洋石油工业安全管理模式。通过考察认识到，海洋石油作业的安全管理必须要坚持法制原则，强化政府监管。随后1985年原石油工业部批准成立了石油工业部海洋石油作业安全办公室（以下简称海油安办），履行政府对海洋石油作业安全的监管责任，其常设机构在中国海油。

海油安办自成立以来，集中梳理和分析了国际上的相关法律法规，加上多次出国考察调研，结合中国的海洋石油勘探开发形势，分层次，抓重点，逐步出台了多项安全监管规章制度。1986年颁布了《海洋石油作业安全管理规定》，并陆续建立了海上生产设施发证检验制度、各种作业设施的作业认可制度以及应急、防硫化氢、培训等24项作业安全规则，形成了相对完整、具有行业特征、与国际通行做法接轨的安全监管规章体系，确立了安全监管的基本框架，奠定了海洋石油作业安全管理的法律基础。

4.1.2 健康安全环保管理体系的建立

1991年8月15日，麦克德莫特公司的DB-29大型铺管船在珠江口铺设海底管线时，遭受9111号强台风袭击，撤离途中船舶左倾后沉没，船上195人弃船跳海，死亡17人。这次事故进一步促进了海洋石油工业加强安全管理、加强人员培训和承包商管理。在借鉴国际成熟管理经验基础上，立足海上石油工业发展现状，海油安办先后出台了20多部法规文件，包括《中华人民共和国海洋石油作业安全管理规定》《海洋石油物探船作业认可办法》《海洋石油移动式钻井船（平台）作业许可办法》《海上移动式钻井平台和油（气）生产设施一般安全管理规定》《海洋石油作业者安全应急计划编制要求》《海上石油天然气生产设施检验规定》等。

1982—2001年，中国海上油气田共遭受246个台风袭击，除上述两起因承包商原因导致的事故外，还发生了因台风导致的“南海四号”钻井平台拖航断缆和“南海希望”号浮式生产储油装置断缆等4起生产事故，虽然没有造成人员伤亡，但还是造成了较大的经济损失。“明镜所以照形，往事所以知今”，在深刻吸取这些事故的教训后，20年间海上油气田的防台工作取得了持续和稳定进步，为后续工作的开展奠定了良好的基础，积累了丰富的经验。经过多年努力，至2001年我国已全面建立海上油气田勘探和开发生产作业的质量、健康、安全和环保管理体系。在这些体系中，应急计划在海上油气田应对台风等自然灾害方面发挥了重要作用。

4.2 主动防范阶段

经过改革开放20多年的发展，我国经济社会发展取得辉煌成就的同时，也开始面临生产事故高发的难题，安全生产工作引起党和国家的高度重视。2002年，《中华人民共和国安全生产法》（以下简称《安全生产法》）颁布实施，标志着我国安全生产走入有法可依、有章可循的法制化管理轨道。2003年，由“非典”疫情引发的从公共卫生到社会、经济、生活等全方位的突发公共事件，推动国家全面加强应急管理工作。“爪哇海”号和DB-29铺管船等事故的发生，则推进了海洋石油生产作业安全管理的法制化、规范化、科学化进程，逐渐形成并确立了我国海洋石油工业的健康安全环保理念。因此以2002年的《安全生产法》的颁布为标志，秉持“以人为本，安全至上”的防台理念，我国海上油气田的防台工作全面转入主动防范阶段。

4.2.1 国家层面

1）安全发展理念纳入我国社会主义现代化建设的总体战略

2005年8月，时任中共中央总书记胡锦涛首次提出安全发展的理念，强调实现安全生产，是事关人民群众生命财产安全的大事，也是坚持以人为本的必然要求。同年，安全发展被写入党的十六届五中全会文件。2006年3月，安全发展被写入了国民经济发展“十一五”规划纲要。2006年3月27日，胡锦涛同志在十六届中央政治局第三十次集体学习时发表《坚持以人为本，实现安全发展》的讲话，指出要把安全发展作为一个重要理念纳入我国社会主义现代化建设的总体战略，这是对科学发展观认识的深化。2007年10月，党的十七大报告明确提出，要坚持安全发展。2008年10月，党的十七届三中全会强调，能不能实现安全发展，是对我们党执政能力的一大考验。

2）综合性应急管理体制建立

2005年4月，中国国际减灾委员会更名为国家减灾委员会，标志着我国开始探索建立综合性应急管理体制。2006年4月，国务院办公厅设置国务院应急管理办公室（国务院总值班室），履行应急值守、信息汇总和综合协调职能，发挥运转枢纽作用。这是我国应急管理体制的重要转折点，是综合性应急体制形成的重要标志。2007年，国家颁布《中华人民共和国突发事件应对法》（以下简称《突发事件应对法》），标志着我国突发公共事件应对法律制度的基本确立。

《突发事件应对法》规定突发事件包括自然灾害、事故灾难、公共卫生事件和社会安全事件，并明确了突发事件应对的四个环节，包括预防与应急准备、监测与预警、应急处置与救援、事后恢复与重建。该法首次将突发事件应对工作从事前的预防准备、事发的监测预警、事中的处置救援到事后的恢复重建以法律形式明确下来，把突发事件的预防和应急准备放在优先的位置。该法规定突发事件应对工作实行预防为主、预防与应急相结合的原则，建立国家统一领导、综合协调、分类管理、分级负责、属地管理为主的应急管理体制，同时要求建立健全突发事件应急预案体系，包括国家突发事件总体应急预案、专项应急预案、部门应急预案以及地方应急预案。此外还明确了建立全国统一的突发事件信息系统和预警制度。《突发事件应对法》的实施对全面推进我国防灾减灾能力建设和发展具有里程碑意义，对中国海油的应急管理体系的建设具有重要指导作用。

3）我国台风监测和预报预警技术取得显著进展

社会经济快速发展对防台减灾的需求推动着我国台风监测和预报预警技术的不断进步。2009年底，我国已基本建成高时空分辨率的台风立体监测体系和完善的台风预报预警业务化体系。自主研发的风云系列气象卫星、多普勒天气雷达观测网、高密度地面自动站、高空探测以及移动观测等设备和技术能对台风开展全方位的实时监测，为台风预报预警提供了第一手资料。建立了以各类数值预报模式为基础的台风预报方法和业务化系统，台风路径预报和国际水平基本相当。台风预报时效不断延长，2001年之前中央气象台只发布24～48 h时效的台风路径和强度预报，2001年开始将台风预报时效延长至

72 h，2009年又延长至120 h；台风定位时次逐步提高，从2006年开始，中央气象台将登陆台风定位时次从原先的3 h提高到1 h；台风路径预报准确率迈上新台阶，2007年中央气象台24 ~ 72 h台风路径预报误差平均值分别为114 km、190 km、287 km，与20年前相比，24 h路径预报误差减少了80 ~ 100 km，48 h路径预报准确率和当年24 h预报准确率相当，72 h路径预报准确率甚至比当年48 h路径预报准确率还高。

2006年中国气象局发布《热带气旋等级》（GB/T 19201—2006），热带气旋按中心附近地面最大风速划分为超强台风、强台风、台风、强热带风暴、热带风暴、热带低压六个等级。相比于之前划分的台风、强热带风暴、热带风暴、热带低压四个等级，该标准对台风进行了更精细的细分，对台风预报业务提出了更高的要求，客观上也对海上油气田的防台工作起到了很大的推动作用，包括对海上石油设施抗风能力评估和应对超强台风的应急预案制定等。

台风预报预警水平的提高和气象灾害防御机制不断完善，为我国海洋石油工业的防台减灾从被动应对到主动防范提供了重要的技术支撑，取得了显著的经济效益和社会效益。

4.2.2 中国海油层面

1）《中国海洋石油总公司危机管理预案》发布

随着中国海油上下游业务的拓展和生产经营活动影响的增加，应急计划逐步显现出一些不足，主要体现在侧重单个事故的事后处理，关于陆上生产活动对社区、公众的影响考虑不足，无法满足事故处理过程中日益增长的媒体及公众沟通需求。特别是2003年“非典”公共卫生事件，重庆开县井喷事故，在全社会和石油行业引起了较大震动，公司更加深刻地认识到，要更全面更系统地建立危机管理体系，完善危机处理程序，特别是针对媒体、公众、社会等方面的处理程序的重要性。2004年7月26日，《中国海洋石油总公司危机管理预案（2004）》（以下简称《预案》）正式发布，并于同年8月1日起实施，适用于自然灾害事件、安全生产事故、公共卫生事件和社会安全事件。《预案》明确了工作原则、适用范围、组织机构和职责、三级应急组织的分工与定位、危机管理程序等内容；制定了“以人为本、安全第一，平战结合、有序运转，分级响应、统一协调，信息及时、坦诚公众”的应急工作原则；确定了救援重要性排序为人、环境、财产、业务。

2）健康安全环保理念建立

经过多年的总结与不断完善，中国海油于2007年发布了具有海油特色的健康安全环保理念，突出了安全发展、以人为本、持续改进、社会责任和环境保护等中心内容。从公司生存基础角度强调健康安全环保的重要性，为实现可持续发展的战略目标，坚持清洁发展和安全发展，健康安全环保理念如下。

- 健康安全环保是公司生存的基础、发展的保障。
- 管理健康安全环保事务，不仅是经济责任，更是社会责任。
- 员工是公司最宝贵的资源和财富，以人为本，关爱生命。
- 设定目标，只有“执行”才能实现。
- 体系化管理，持续改进，坚信“没有最好，只有更好”。
- 安全行为“五想五不干”，注重细节、控制风险。
- 管理承包商，分享信息和经验，实现双赢。
- 尽量使用清洁无害的材料和能源，保护环境和资源。
- 不仅遵守法规标准，更要争先创优、努力提高行业水平。
- 健康安全环保是企业整体素质的综合反映。

3）防台准备与监测预警工作纳入应急管理体系

在海上油气田防台方面，中国海油严格按照《突发事件应对法》的要求，将台风预防与准备工作、监测预警工作及时纳入防台预案和日常的应急管理体系中，并提出了“以人为本、安全至上”的防台理念。2008年，为适应事故的预防与准备以及监测预警对应急管理工作的新要求，中国海油对应急指挥中心和应急系统建设作了具体规定，并发布了《中国海洋石油总公司应急指挥中心建设指南》《中国海洋石油总公司应急信息系统建设指南》和《中国海洋石油总公司船舶安全管理政策》等一系列应急管理制度。

4.3　积极防御阶段

2010年，中国海洋石油集团有限公司质量健康安全环保部牵头建立了统一的防台部署机制，标志着海上油气田的防台工作进入了积极防御阶段。在此期间坚持“十防十空也要防”的工作原则，提出了“以人为本、安全第一、预防为主、应急有序”的防台管理工作方针，更加强调以四个有限分公司为主的区域统筹协调，技术的快速发展也有力地支撑了防台工作水平的提高。

4.3.1　应急管理制度完善

2013年，国资委发布《中央企业应急管理暂行办法》，要求中央企业建立和完善应急管理责任制、建立健全应急管理体系、积极参加国家级和区域性应急救援基地建设、加强与地方人民政府和相关部门的应急预案衔接并建立应急联动机制等，切实履行社会责任，积极参与各类社会突发事件的应急处置。中国海油按照要求，强弱项、补短板，陆续发布了《应急管理办法》《事故及隐患管理办法》《事故、事件初步报告细则》《应急指挥中心建设细则》《对外应急救援资源调用管理细则》《保险管理办法》以及《新闻发布管理办法》等，建立起了比较完善的应急管理制度。

2014年8月31日修订的《安全生产法》要求健全“管业务必须管安全、管行业必须管安全、管生产经营必须管安全”的安全生产责任体系，经中国海油安全生产委员会研究决定设立安全总监，全面负责公司的安全生产工作。

4.3.2 区域协调制度建立

为了使防台过程更加有序高效，避免防台资源的重复建设，形成区域一盘棋的防台格局，根据中国海洋石油集团有限公司的统一部署，中国海域的防台应急响应和指挥需遵循以下原则。

（1）中国海油所属各专业公司承担系统内海上作业任务时，按照作业海区划分，由相应的作业海区的有限分公司进行防台的统一指挥协调，各专业公司辅助有限分公司做好防台工作。

（2）中国海油所属各专业公司的海上设施在非作业状态下（如待命钻井平台）有可能遭遇台风影响时，有限分公司应急指挥中心应给予资源支持和协调。

（3）中国海油所属各专业公司对外独立承包的国内海上作业，按照专业公司事先商定的应急协议开展应急指挥协调，有限分公司应急指挥中心应给予资源支持和协调。

这里需要强调的是区域协调的应急管理方式，实现了防台过程的统一指挥、应急有序，实现了防台资源的高效利用，但是应急管理的主体责任还是由事发单位来承担。

4.3.3 《海上石油设施防台风应急要求》企业标准发布

中国海油根据多年的防台实践经验，于2010年正式发布了企业标准《海上石油设施防台风应急要求》（Q/HS 4021—2010），将海上石油设施的防台警戒区进行分级，并依此制定了防台应急的不同阶段。

1）应急警戒区划分

为了保障海上油气田的安全生产和有序避台，将防台警戒区划分为绿色警戒区、黄色警戒区和红色警戒区，如图4.2所示。

理论上，防台警戒区的大小是随着台风移动速度、撤台资源数量、海上人员数量、撤台准备所需时间等因素的变化而变化的，因此防台警戒区是动态的三色圈。但是为了提高防台决策的可操作性，各作业单位又根据自身的作业实际情况设定了防台警戒区的范围。有限天津分公司、有限上海分公司和有限湛江/海南分公司划定了1 500 km的绿色警戒区、1 000 km的黄色警戒区以及500 km的红色警戒区；有限深圳分公司划定了600 n mile的绿色警戒区、450 n mile的黄色警戒区以及250 n mile的红色警戒区。

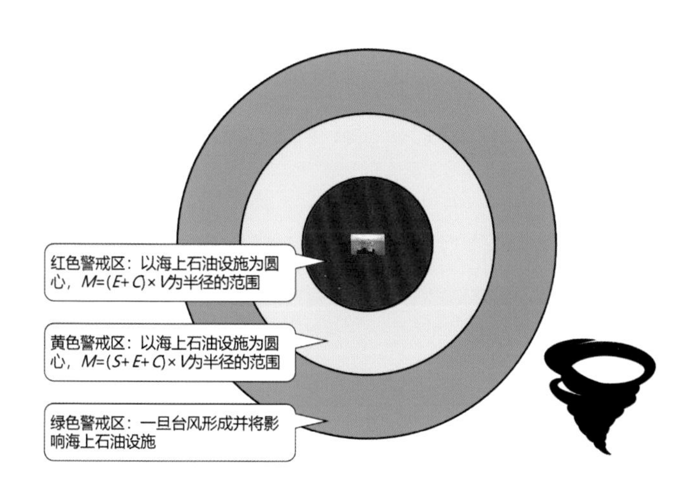

图4.2　海上油气田防台警戒区划分

*M*为从海上石油设施至台风（8级大风前沿）的距离，安全处置应从此时开始；*S*为从停止正常作业到完成撤离前安全处置操作所需的时间；*E*为完成撤离剩余人员到安全地带所需的时间；*C*为完成处理突发事件所需的时间；*V*为台风移动的速度（预计的最大移动速度）

2）应急阶段划分

海上油气田的防台应急工作分为以下五个阶段。

（1）台风接近绿色警戒区。

当台风到达绿色警戒区并继续向海上石油设施方向移动时，应急指挥中心值班人员应密切注视台风动向，注意收集台风预报信息，并将更新的台风信息及时发送给相关人员。应急指挥中心应根据当时海上石油设施的具体位置以及各作业单位报送的撤离人员名单，对人员撤离顺序进行统筹安排，并通知直升机公司做好防台期间人员撤离的准备工作。各作业单位应根据各自的应急程序启动防台准备工作，包括提前完成关键设备的日常维修工作、推迟耗时较多的正常作业、暂停海上高风险作业和其他大型维修作业、做好现场设备固定绑扎、组织防台隐患排查以及检查防台关键设备等。

（2）台风抵达黄色警戒区。

当台风到达黄色警戒区并继续向海上石油设施方向移动时，有限分公司应急指挥中心启动防台应急响应。应急指挥中心主任召开防台应急会议，统筹安排撤离船舶和直升机，部署撤离非必要人员。支持船和工程船舶应预先选择好避风海域，做好撤离前的工程收尾工作。

（3）台风抵达红色警戒区。

当台风到达红色警戒区并继续向石油设施方向移动时，应急指挥中心主任下达所有人员撤离命令。各作业单位应安排生产关停或开启台风生产模式，撤离剩余人员。只有当海上石油设施上的人员全部撤离后，守护船才可以起航到就近港湾避风（在气象条件恶劣的情况下，决定守护船是否留在现场仍然是船长的责任和权力，但决定离开现场之前，必须尽早报告应急中心）。支持船和工程船上的必要人员随船撤离。

（4）台风过境。

各作业单位应按照应急指挥中心的防台应急部署做好相关工作，没有撤人的海上石油设施以及相应的守护船，要加强值班，坚守岗位。应急指挥中心应指定专人负责安排撤回陆地人员的交通、食宿和集结待命等问题。

（5）复台并恢复生产。

当风力减弱到6级以下并且确认天气将逐渐变好后，应急指挥中心应迅速组织撤离的现场作业人员复台。作业人员复台后，应进行安全检查，消除一切不安全因素后，尽快恢复生产。支持船和工程船舶也应按照正常工作程序尽快返回现场。各有关作业单位应及时将检查情况和恢复生产的情况报告应急指挥中心。

4.3.4 结构性防台

从2010年开始，中国海油在防超强台风和海上石油设施抗风能力评估方面做了大量的工作，并于2012年提出了结构性防台策略。

1）防超强台风

中国海油在防超强台风方面重点推动了结构性防台策略的建立、台风状态下海上石油设施次生事故的防范、可移动设施的防台准备、不可移动浮式生产储油装置的抗风状态优化、直升机和船舶在防台撤离中合理运用、现有生产设施抗风能力评估等工作，并依此成果编制了应对超强台风的应急预案。

2）海上石油设施抗风能力评估

中国海油各作业海域以老旧设施的监测和检测工作为切入点，持续进行海上石油设施抗风能力评估。有限深圳分公司基于海上石油设施最大允许工况和临界工况数据，进一步对海上石油设施的抗风能力划分为警告级、危险级和灾难级三个阶段（图4.3）。其中最大允许工况是指海上石油设施所能承受的最大极端条件与最大活荷载组合时的工况；临界工况是指海上石油设施的部分构件或节点的强度已超出设计标准的要求，应力已超出弹性范围。

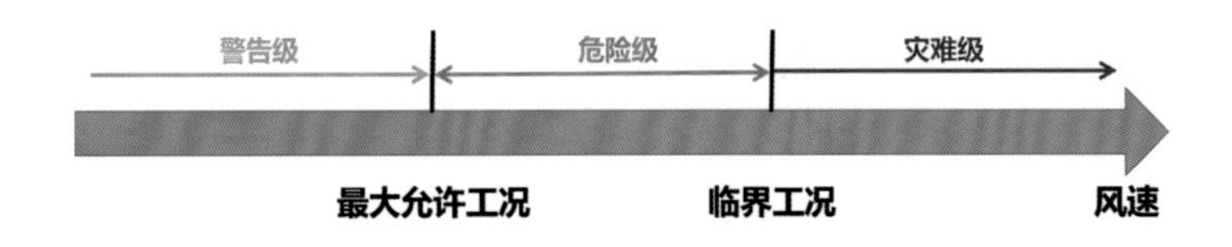

图4.3　海上石油设施抗风能力分级

当海上石油设施处于警告级阶段时，理论上设施的结构是安全的。当海上石油设施处于危险级阶段时，虽然设施的部分构件及节点的强度已超过设计标准的要求，且部分结构可能会发生永久性变形，但设施仍有剩余强度，不会产生倾斜、倒塌或大型模块断裂等严重后果。当海上石油设施处于灾难级阶段时，理论上设施的结构是极度危险的，此时设施已超过其极限承载能力，可能会产生设施倾斜、倒塌或大型模块断裂等严重后果。

4.3.5　防台良好作业实践总结与推广

中国海油非常注重防台工作经验的积累，并在中国海油系统内以邮件形式进行通报，持续提升防范自然灾害的能力。2015年中国海油组织编写了两期防台领域的良好作业实践（九十七、九十八）——《中国海油防台实践汇编》（第一册、第二册），用以推广优秀防台经验，提升海上油气田应对台风能力。

4.3.6　突发事件应急指挥系统建立与使用

由于突发事件指挥系统具有规范化和系统化、便于明确工作目标和具体工作、有助于高效管理资源等优点，2016年，中国海油开始在系统内推行，要求建立中国海油特色的突发事件指挥系统。

各所属单位大多依托原有的生产调度室，相继建成各自的应急指挥中心，形成了全海油、全业务范围内的应急指挥网络覆盖。经过多年积累建设，已经建成了包括三维数字应急指挥平台、现场数字视频监控系统、生产人员动态跟踪系统、重要危险源动态跟踪系统、通信网络和短信发布系统、灾难性备份支持系统、应急视频会商系统、灾害天气预警系统、生产设施应急资料系统、溢油漂移预测系统以及事故灾难模拟推演系统共11个子系统的应急管理信息系统，不但可以为应急管理的各环节及应急组织机构的各层级提供辅助决策支持，而且可以应用于日常应急演练和培训工作中。

中国海油充分借鉴和吸收国内外先进企业应急系统建设经验，结合自身风险特点，将应急管理实践与现代信息通信技术有机结合，构建了覆盖全面、上下联动、应对高效的应急管理系统，为保证企业健康、稳定、可持续发展发挥了重要作用。

4.3.7　情景构建

2017年，中国海油尝试开展情景构建工作。所谓情景构建是指按照预定的假设条件推演事件的发展，通过对情景演变过程的探讨，使全体人员加深对巨灾风险的认识程度。通过后果推演及职责探讨，强化领导层和主要岗位人员对主体责任的认知，提供巨灾防控和处置措施，为预案优化、培训演练及应急规划提供依据。

关于防台的事故情景构建工作，已完成了钻井平台、FPSO、浮式储卸油装置（FSOU）等在台风影响下出现灾难性事故的应对，主要包括以下两类：一是FPSO或FSOU在避台期间失去动力或者受台风影响造成单点拉断，自由漂移后碰撞固定平台，导致FPSO或FSOU沉没，固定平台倾斜、起火、海上溢油；二是钻井平台在某锚地避台期间遭遇超强台风，钻井平台随之失控并破坏周边液化天然气输送管线，导致钻井平台沉没和液化天然气泄漏。通过上述情景构建，不仅提升了相关人员对台风破坏性的直观认识，也识别出了在台风应对能力和防范措施方面的改进方向。

4.4 科学防治阶段

2019年5月24日，为贯彻落实习近平总书记重要批示指示精神，国家能源局在北京组织召开大力提升油气勘探开发力度工作推进电视电话会议，要求进一步把2019年和今后若干年大力提升油气勘探开发各项工作落到实处；石油企业要落实增储上产主体责任，不折不扣完成七年（2019—2025年）行动方案工作任务；各部委和地方政府各部门要充分发挥协同保障作用，在加强用地用海保障、优化环评审批、加大非常规天然气财税支持等方面配套稳定的支持政策，保障重点项目落地实施。

中国海油积极行动，编制了《关于中国海油强化国内勘探开发未来“七年行动计划”》（以下简称增储上产“七年行动计划”），提出到2025年，公司的勘探工作量和探明储量都要翻一番的目标；推进有限天津分公司油气田上产$4\ 000\times10^4$ t、有限上海分公司油气田上产300×10^4 t、有限深圳分公司油气田上产$2\ 000\times10^4$ t、有限湛江/海南分公司油气田上产$2\ 000\times10^4$ m^3工程。

增储上产“七年行动计划”对海上油气田的防台工作提出了更高的要求，必须保证海上油气田在安全生产的基础上依靠科技进步更大程度地降低产量损失，从而也标志着海上油气田的防台工作进入了科学防治阶段。

4.4.1 “科学防台，精准施策”的防台新理念

中国海油坚持“安全第一、环保至上、人为根本、设备完好”核心价值理念，推进“人本、执行、干预”特色安全文化，把防范化解海洋石油安全生产风险工作落到实处，有序提高海上石油设施的设计标准，不断推进海上生产设施远程遥控生产改造，持续践行“科学防台、精准施策”的防台新理念，保障海洋石油工业持续健康稳定发展。

1）提升海上石油设施设计标准

由于近年来频繁出现的超强台风等极端性天气，中国海油依照相关标准对关键工程设施适当提高重现期，对关键性部件适当提高安全系数。对于渤海的新建海上石油设

施，将重现期从50年提高到100年；对于东海和南海的新建固定平台，将重现期从100年提高到150年或者200年；对于东海和南海的新建海上浮式设施，将重现期从100年提高到200年。

目前我国在海上石油设施的设计中按照各个方向的风浪流相同，即按照最大的环境条件来考虑各个方向的受力。实际上风浪流的方向或者对海上石油设施的作用载荷有可能不是完全同向的，按此设计海上石油设施的环境载荷一定会降低，从而可以降低海上石油设施结构强度，节约建造费用，但要以准确的环境资料统计为依据。考虑到我国海域的环境观测资料还不完善，加上中国海油非常注重本质安全的设计理念，因此仍采用风浪流同向的最大环境条件来考虑海上石油设施受力的设计。这样看似在海上石油设施的建造中多花了一部分费用，但是在面对台风等极端天气条件时拥有了更多的安全系数，能够更好地保障海上油气田的安全平稳运行，性价比较高。

2）推进远程遥控生产改造

远程遥控生产是指通过远程监控模式在终端中央控制室调控海上生产作业，实现无人状况下的生产。由于在台风期间可以将海上生产设施的工作人员撤离到陆上终端继续遥控海上生产作业，因此远程遥控生产在防台期间也称台风生产模式，切换流程如图4.4所示。

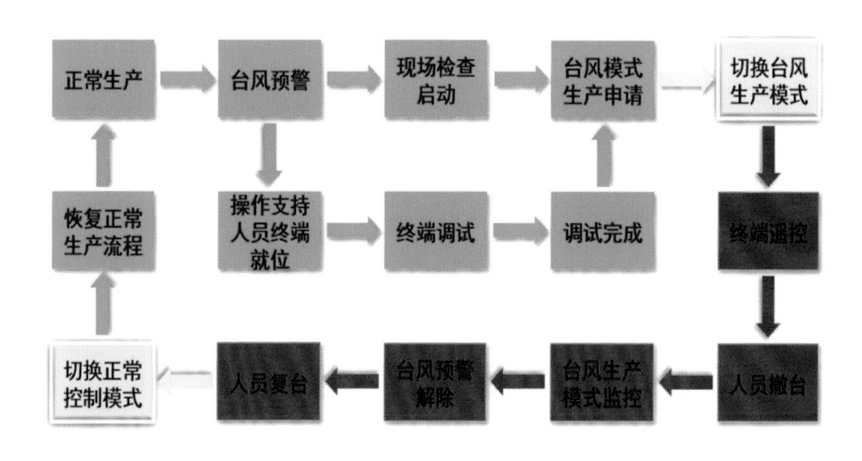

图4.4　台风生产模式切换流程

截至2021年底，中国海油已实现远程遥控生产改造的平台有28座，占比达11%，主要集中于海上气田，如有限上海分公司的“残雪”平台、有限湛江/海南分公司的“深海一号”大气田、有限深圳分公司的“番禺34-1”平台等。随着恩平油田群在受台风“圆规”威胁时实现无人条件下的油田正常生产，标志着中国海上油田首次实现台风期间的无人化生产，对海上油田的无人化改造的示范带动意义巨大。

3）提出“科学防台、精准施策”理念

在增储上产大背景下，由于作业量大幅上升导致海上生产作业人员的大幅增加，给海上油气田的防台工作带来了很大的压力。为此对新建海上石油设施，都不同程度地提高了其设计标准，增强抵御台风能力，可为应对南海土台风提供新选择或为海上作业人员因来不及撤台而提供临时避台点；通过远程遥控生产改造，可以在应对一般强度的台风时，做到撤人不停产，在应急撤离资源紧张的情况下，可以提前撤离具有远程遥控生产功能的海上生产设施的作业人员，为不具备远程遥控生产功能的海上生产设施的作业人员留出撤离资源，从而最大程度地降低产量损失。

基于此，中国海油提出了“科学防台、精准施策”的防台新理念，防台不能仅仅是盲目的撤人停产，而是依靠不断完善的台风监测预报体系、不断提升的海上石油设施抗风能力评估水平以及海上生产设施作业特点等，落实“一台一案”“一井一策”。

4.4.2 以“治”设“防”提升能力

中华民族同自然灾害斗了几千年，积累了宝贵经验，我们要在尊重自然、顺应自然规律、与自然和谐相处的基础上继续与自然灾害做斗争，紧紧依靠高效科学的自然灾害防治体系和自然灾害监测预警信息化工程，提高抗御自然灾害的能力，在抗御自然灾害方面达到现代化水平。

中国海油在防台管理的顶层设计上，突出系统性、有效性和实用性的指导思想，逐步形成了比较完善的应急预案体系和台风预报体系。为了更加明确各级防台主体的责任、规范防台程序、提升防台能力，中国海油在防台方面形成了集团公司、所属单位以及现场的三级预案体系。中国海油通过外部合作和自主攻关相结合的方式，初步建立起了台风预报体系，从提前32天的台风生成概率预报到提前14天的台风可能影响预报、从提前3～5天的台风预报到当天热带气旋专报，使得中国海油基本实现了“早预报、早准备、早决策”的目标，可以随时根据最新的预报结果调整防台策略，做到动态防台。

台风视频会商机制通过将集团公司、有限公司、专业公司、作业现场、避台基地、气象专家、直升机运输公司等全部连接起来，群策群力，共同研判，为海上油气田科学防台和精准防台提供支持。此外该机制还有利于海上油气田防台信息的共享，能够更好地落实中国海油在防台方面的区域协调的要求。

第5章
海上油气田防台应急管理体系

海上油气田防台应急管理体系以中国海洋石油集团有限公司发布的《质量健康安全环保管理制度》《应急管理制度》和《危机管理预案》及其他相关内控管理制度为准则，结合作业实际和不同阶段的发展需求建设而成。体系主要包括组织机构及职责、应急响应程序、应急预案体系和应急管理系统五个部分，强调应急准备、预防、监测、预警、响应、处置和恢复等全过程管理，突出综合统筹协调、风险防范、专业能力提升和基础能力建设。

5.1　防台应急管理组织机构

海上油气田防台应急管理组织机构包括集团公司危机管理组织、所属单位应急管理组织以及现场应急组织，如图5.1所示。

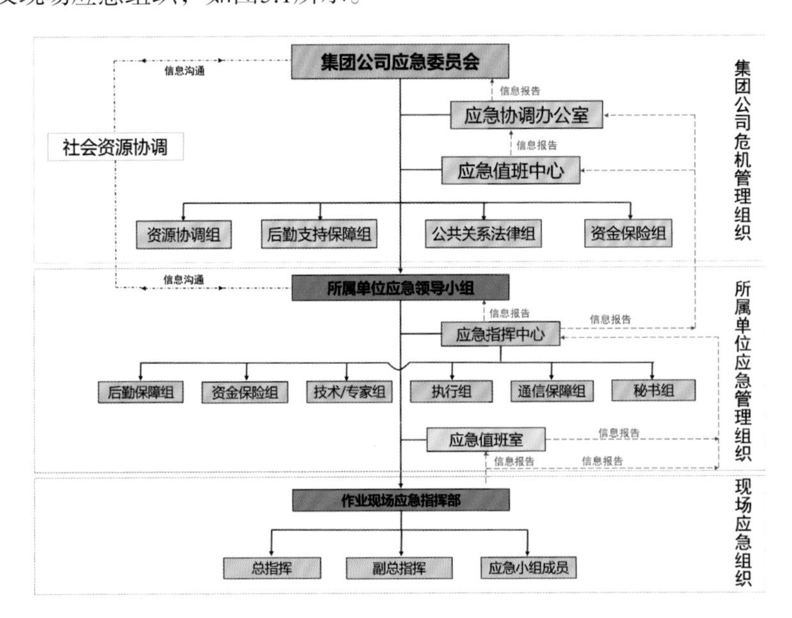

图5.1　海上油气田防台应急管理组织机构

1）集团公司危机管理组织机构

为应对棘手突发事件，集团公司建立了危机管理组织机构，由集团公司应急委员会、应急协调办公室、应急值班中心及资源协调组、后勤支持保障组、公共关系法律组、资金保险组4个应急职能工作组组成。集团公司应急委员会是中国海油系统内应急响应和危机管理的最高决策机构。

2）所属单位应急管理组织机构

所属单位应急管理组织包括应急领导小组、应急指挥中心及下设的后勤保障组、资金保险组、技术/专家组、执行组、通信保障组、秘书组以及应急值班室。所属单位应急领导小组及应急指挥中心是突发事件发生时的关键指挥层，是现场处理应急事件的直接领导单位，是所辖范围内的最高管理决策机构，在防止事态扩大、防止事件产生严重后果和组织调动当地资源中具有不可替代的作用。

3）现场应急组织机构

现场应急组织包括现场应急指挥部以及下设的总指挥、副总指挥以及若干应急小组，可根据现场实际进行调整。现场应急组织是应对突发事件的一线组织，大多数事件可以通过现场各作业单位的努力，达到有效控制事态扩大的目的。

5.2　防台应急管理组织职责

5.2.1　集团公司危机管理组织职责

集团公司危机管理组织总体职责包括重要事项决策、为台风应急事件提供支持和协调、向国家政府部门报告有关情况、向社会公众公布事件信息、审查所属单位防台应急预案和应急计划、验收各单位应急指挥中心等。

1）集团公司应急委员会

集团公司应急委员会由主任、常务副主任、副主任和委员组成，主要职责如下。

（1）集团公司应急委员会主任。

- 领导集团公司应急响应及危机处理工作，审批集团公司危机管理预案，担任突发事件处置行动的最高指挥。
- 宣布集团公司危机应急状态的启动和结束。
- 主持首次危机处理会议。
- 批准重要应急决策。
- 决定向国务院等政府部门报告。
- 授权相关人员对外公告突发事件。
- 必要时派出工作人员赴现场。

（2）集团公司应急委员会常务副主任。

- 协助应急委员会主任负责应急委员会总体协调工作和管理工作。
- 协助应急委员会主任做好各类突发事件的协调，在主任外出时承担主任职责。

（3）集团公司应急委员会副主任。

- 完成应急委员会主任、常务副主任指派的工作，在主任、常务副主任外出时承担主任职责。

- 担任事故处理和信息处理等专项突发事件行动指挥。
- 组织日常应急工作准备和预案执行情况评估。

（4）集团公司应急委员会委员。

- 完成主任、常务副主任指派的工作。
- 就分管工作提出危机处理专业建议。
- 协助调动分管工作范围的资源。

2）集团公司应急协调办公室

集团公司应急协调办公室设在质量健康安全环保部，包括主任、副主任、成员和应急值班人员，是应急响应和危机管理的常设机构，主要职责如下。

（1）集团公司应急协调办公室主任。

- 根据报警判断态势发展，向应急委员会主任报告并提出进入危机管理状态的建议。
- 传达集团公司应急委员会的指令。
- 根据事件不同性质，向应急委员会主任提出有关部门人员加入应急协调办公室及调整各应急工作组人员构成。
- 掌握突发事件动态、收集相关信息，向应急委员会提交进展情况报告。
- 在发生事故时与国家应急机构、政府部门和单位联络，按照应急委员会主任的授权和法规要求，向主管政府部门做初次报告。
- 危机处理过程中建立各工作组之间的信息沟通渠道，沟通传达相关信息。
- 根据应急委员会主任指令派出赴现场人员。
- 发生需集团公司应急响应的事故时，协调和调动系统内外相关资源。

（2）集团公司应急协调办公室副主任。

- 完成应急协调办公室主任交办的工作，在主任外出时承担主任职责。
- 组织应急状态下全日值班，保持与各应急指挥系统通信联络的畅通。
- 组织突发事件处置过程的记录，状态结束后组织编写总结报告。
- 组织预案的培训，保证相关人员熟悉并掌握预案的内容。
- 组织审核所属单位应急计划、验收各单位应急指挥中心。
- 配合日常安全生产紧急事务的协调、防范事故的准备及事故调查。

（3）应急协调办公室成员。

- 落实全日应急值班，处理往来电话、传真等。
- 收集各类信息，有重要信息要随时汇报。
- 做好会议记录和应急活动记录。

- 收集应急指令的执行情况。

3）应急值班中心

- 接警、记录并及时准确地向应急委员会和应急协调办公室报告情况。
- 根据要求通知相关人员到应急指挥中心集中。
- 区分应急信息和正常信息，协助应急协调办公室做好应急信息的记录和传递工作。

4）资源协调组

资源协调组由集团公司规划计划部、质量健康安全环保部、工程建设部、采办部以及有限公司勘探部、开发生产部、原油与天然气销售部、钻完井办公室组成，主要职责如下。

- 贯彻应急委员会的应急决策。
- 针对突发事件提出处置方案及专业性建议。
- 协调和调用集团公司系统内部应急物资。
- 联络集团公司系统外部的技术专家。
- 协调事发地区以外人员和紧急物资的快速采办和运送通道等。
- 配合资金保险组初步确定应急费用调动方式。
- 根据应急委员会主任指令，派出赴现场人员。

5）后勤支持保障组

后勤支持保障组由集团公司办公室和信息化部组成，主要职责如下。

- 贯彻应急委员会的应急决策，为应急委员会提供专业建议。
- 启动应急通信和网络系统。
- 保持通信畅通，并根据情况启用备用或其他通信方式。
- 负责应急过程的后勤保障。

6）公共关系法律组

公共关系法律组由集团公司党群工作部、国际合作部（外事工作部）、法律部、宣传工作部以及有限公司投资者关系部组成，主要职责如下。

- 贯彻应急委员会的应急决策，为应急委员会提供专业建议。
- 收集、跟踪、分析各方面舆情信息，向应急委员会提供相关建议。
- 完成对外公布的新闻报道材料，供应急委员会主任审批。
- 根据授权与主要媒体沟通，正确引导公众舆论，保持与媒体的联系。
- 根据授权在内部刊物、网络发布消息，告知真实情况，保持与员工的沟通联系。

- 分析危机处置的法律责任，提供法律支持。
- 发生社会安全事件时，提出处置方案和建议，并协调调动资源。
- 发生涉外人员事件时，办理外交联络事宜。

7）资金保险组

资金保险组由集团公司财务资产部、资金部以及有限公司财务部组成，主要职责如下。

- 贯彻应急委员会的应急决策，为应急委员会提供专业建议。
- 落实集团公司应急启动后的人员食宿费用。
- 分析财务风险和应对策略。
- 确定突发事件是否在集团公司保险范围内。
- 对于保险范围内的事件及时向保险公司递交出险通知书。
- 处理人身、财产保险和理赔等后续事务。

5.2.2 所属单位应急管理组织职责

所属单位应急管理组织总体职责包括编制和修订防台应急预案和应急计划、建立健全本单位的防台应急组织机构和应急管理责任制、建立和完善防台应急指挥中心的办公场所、落实和调动可以动用的防台应急资源、向集团公司报告台风事件的动态并按实际情况提出支援请求、各单位开始防台应急值班时应同时通知集团公司应急值班中心或应急协调办公室、贯彻执行集团公司应急委员会的防台决策、组织防台应急响应及结束后的恢复工作、总结评估台风应急事件并向集团公司应急协调办公室提交报告等。

1）所属单位应急领导小组

所属单位应急领导小组由组长、副组长和成员组成，主要职责如下。

（1）应急领导小组组长。

- 宣布所属单位应急响应的启动和结束，主持召开首次事故处理会议。
- 负责召开所属单位应急工作会议，分析、解决应急工作中的突出问题，提出应急工作的指导方针和要求。
- 下达调动各种力量参加抢险和救援工作的命令，决定向上级汇报或请求其他救援的时间、方式。
- 必要时派出工作人员赴现场。
- 组织所属单位级应急演习。
- 按照相关规定对外发布信息。

（2）应急领导小组副组长。

- 协助组长开展应急指挥工作，组长外出时代行组长职责。

- 负责分管业务的应急处理工作，协调所属单位各部门之间的工作。
- 负责应急响应技术方面的支持，针对应急工作中的问题提出改进措施和解决办法。
- 协调直升机和气象等有协议的承包商参与抢险救援工作，与其他有救援能力的组织机构联系，获得必要的救援力量。
- 组织审查所属单位《应急预案》和应急通信的发展规划。

（3）应急领导小组成员。

- 完成组长、副组长指派的工作。
- 就分管的工作针对应急事件提出专业的处理建议。
- 协助调动分管工作范围内的资源。

2）应急指挥中心

应急指挥中心由主任、副主任和成员组成，主要职责如下。

（1）应急指挥中心主任。

- 适时建议应急领导小组组长召开应急指挥工作会议，并负责拟定会议基本内容。
- 根据紧急事故报告，及时向应急领导小组组长报告情况，通知有关人员进入应急工作状态，按照《应急预案》开展工作。
- 传达贯彻应急指挥中心的救援部署、妥善安排所属单位内部的救助力量，迅速、高效、有秩序地开展救助工作。
- 向上级或地方政府汇报情况，向搜救组织或友邻单位请求支援。
- 负责指导相关人员收集应急需要的资料，组织编写有关报告。

（2）应急指挥中心副主任。

- 协助应急指挥中心主任开展工作，应急指挥中心主任外出时代行主任职责。
- 根据需要亲临事故现场，指导救助工作，参与事故处理。
- 负责组织拟定所属单位级年度应急演习计划，编制及实施演习方案。
- 督促现场按照《应急预案》的要求落实相应的应急资源以及开展应急演练。
- 负责安排应急指挥中心的值班，督促值班员记录好工作日志。
- 针对突发事故提出处置方案及专业性建议。
- 协调相关技术专家和调用应急抢险物资。

（3）应急指挥中心成员。

- 协助应急指挥中心主任及副主任开展工作，并在其领导下组织所属单位级应急资源库的建立、维护和完善。

- 在突发应急事件时，根据应急指挥中心主任或副主任的指挥联络周边的应急力量。
- 负责维护所属单位级应急管理系统。
- 收集整理应急事件中的损失情况，收发应急管理信息。
- 做好应急工作中的其他各项支持工作。

3）后勤保障组

- 协调直升机、船舶、车辆等资源。
- 调运及采办应急物资。

4）资金保险组

- 落实应急所需资金。
- 分析财务风险和应对策略。
- 处理人身、财产保险和理赔事务。
- 确定突发事件是否在所属单位保险范围内。
- 对于保险范围内事件，按照保险合同和相关要求向保险公司递交出险通知书。

5）技术/专家组

- 对所属单位《应急预案》的编制与修订、应急管理平台和各类数据库的建设提供专业指导或技术支持。
- 对突发事件进行分析，评估事件的发展趋势，提供技术支持及决策建议。
- 对突发事件的应急恢复工作，提供决策建议。

6）执行组

- 执行应急指挥中心的决定，迅速了解应急事件发展趋势、对周边造成的影响及应急资源等情况，并向应急领导小组及应急指挥中心报告。
- 协调资源，处理事件对周边造成的影响。
- 处理救援结束后的恢复工作。

7）通信保障组

- 及时解决应急过程中的通信及网络故障，确保通信畅通。
- 做好应急时通信和网络信息的备份工作。

8）秘书组

- 完成相关新闻报道材料的撰写。
- 起草上报集团公司、相关政府部门的汇报材料，协助收发应急信息和文件。
- 负责外聘技术专家的食宿安排。

9）应急值班室

- 坚持24小时值班，认真做好电话记录和录音，填好有关表格，对传真和录音等原始材料妥善保存，不得涂改或销毁。
- 应急工作中服从命令，听从指挥，严格按规定程序办事，接到事故或险情报告立即报告应急指挥中心主任，并尽快通知有关救助单位做好准备。
- 有关救助工作的指示、命令以及对上级的报告内容，必须经应急领导小组同意并签发后方可下达或上报。
- 听取现场报告或领导指示必须准确无误，凡有疑惑应重复问清，重要问题要复述核实，不得转达失误。

5.2.3　现场应急组织职责

现场应急组织总体职责包括组建现场应急指挥部、及时向上级报告台风事件状况、执行上级防台应急指令、完整和准确记录台风应急响应事件、组织防台应急培训与演练、编制并定期修订防台应急预案或处置方案等。

现场应急指挥部由总指挥、副总指挥和应急小组成员组成，具体职责如下。

1）总指挥

- 与所属单位应急指挥中心联系，报告防台工作开展状况，及时获取防台的相关信息，向作业现场通报防台的最新指令。
- 按照所属单位应急指挥中心的指令，做好人员撤离，组织和协调防台的相关工作。

2）副总指挥

- 协助总指挥进行应急部署。
- 负责设备设施的固定绑扎工作和现场的安全隐患排查工作。

3）应急小组成员

- 完成总指挥及副总指挥交办的工作。
- 保障所分管设备及物资在应急工作中的调配使用，并确保分管人员的安全。

5.3　防台应急响应程序

海上油气田在防台的应急响应上，集团公司承担更多的是督促、检查指导、提示和资源协调的职能，具体指挥和应对处置工作由所属单位负责，形成分级响应。

5.3.1　集团公司级应急响应

集团公司级应急响应是中国海油系统内最高级别的应急响应。当具备下列条件之一时，必须启动。

（1）所属单位无法独立处置所辖范围突发事件，向集团公司提出救援请求。

（2）需要动用中国海油整个系统内的资源进行处置的突发事件。

（3）因台风造成10人以上人员死亡、遇险、受困或多人伤害事故。

（4）因台风影响出现10 t以上溢油事故。

（5）因台风影响，油轮、浮式生产设施、工程船舶等发生碰撞、搁浅、沉没等严重事件。

（6）因台风影响造成直升机坠落或船舶失事等事故并造成群体伤亡。

5.3.2　所属单位级应急响应

所属单位级应急响应是指有限各分公司或专业公司等组织的应急救援和控制行动，应依据具体情况，明确通知范围、应急响应的启动级别、应急力量的出动规模、指挥人员赴现场安排、设备物资调集规模、疏散范围、应急指挥职权等。

5.3.3　现场级应急响应

现场级应急响应是指一个作业单元（海上固定平台、浮式生产设施、工程船舶等）可调用所辖范围内资源解决的事件。

5.4　防台应急预案体系

近年来极端恶劣天气频发，尤其是超强台风给我国海上油气田的正常生产作业带来了很大的风险。中国海油逐步完善了集团公司、所属单位、现场的三级预案体系。

集团公司的危机管理预案是综合性的场外预案，是中国海油总体、全面的预案，以场外指挥与集中协调为主，侧重在应急响应的组织协调、向国家主管部门报告、法律、商务及媒体管理等方面。所属单位（有限分公司以及专业公司）的应急预案是区域性综合预案及专项预案的结合，针对某一特定区域的突发事件，侧重组织对现场突发事件的减损、救助、抢险和灾后恢复。现场的预案由综合（专项）应急预案和应急处置方案组成，重点岗位应编制应急处置卡。

5.5　应急管理系统

中国海油系统内应急管理系统（图5.2）可以建立常态的互联互通，通过内网实现电视电话会议终端接入、动态信息传递、应急资料网络调用以及远程桌面共享。

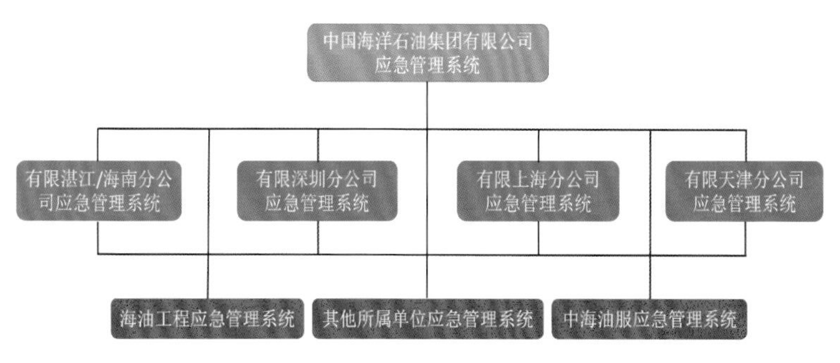

图5.2 中国海油系统内防台应急管理系统

5.5.1 集团公司应急管理系统

中国海洋石油集团有限公司的应急管理系统主要包括以下功能。

1）三维应急显示功能

建立基础资料数据库，全方位、多视角、立体化地展示厂区、设备、工艺流程等三维场景信息，集成设施和人员动态、重要危险源、视频监控、灾害天气等多种信息，可为模拟演习、应急培训、灾情推演、应急决策提供支撑。

2）现场数字视频监控功能

实现视频编码处理、网络通信、自动控制等功能，支持网络视频传输和网络管理。压缩的视频数据可直接存储在硬盘中，并支持循环录像和断线续传功能。

3）重要危险源动态跟踪功能

直观展现重要危险源和重要设施的动态信息，包括海上钻井平台、工程船舶、油轮、化学品运输船舶和储罐等。

4）灾难性备份功能

可以保证在中国海油三级应急响应机构之间的无障碍信息远程传递和灾难状况的信息恢复。

5）应急视频会商功能

实现多方交互式视频会议，支持动态双流模式、多方数字混音和多画面处理，具有向桌面扩展的能力。

6）灾害天气预警功能

及时准确地将台风等对海洋石油生产经营活动产生重要影响的灾害预警信息传达到受影响地区的单位和个人。

7）应急资料检索功能

快速检索生产设施资料，包括生产设施布置图、工艺流程图、危险区域划分图、应急关断图、救生和消防设备布置图、敏感区域分布图、疏散图等，为应急救援提供基础信息。

8）溢油漂移预测功能

集成电子海图数据、环境敏感区数据和溢油应急反应模型等，通过动画实时地显示溢油扩散的情况，包括溢油中心位置、油膜面积、溢油抵岸地点、影响岸线范围、扫海面积等。

5.5.2 有限天津分公司应急管理系统

有限天津分公司应急管理系统采用现代信息技术，集通信、指挥和调度于一体，是高度智能化的应急管理指挥系统，可以与相关政府部门、集团公司及作业现场实现信息共享。

1）海上现场移动应急指挥通信系统

通过现场应急指挥船搭载的卫星通信功能实现了与事故现场的实时通信，为应急指挥中心传回最新的现场图像和动态，可以作为应急指挥中心的延伸及处置突发事件的“前方指挥部”，如图5.3所示。

图5.3　有限天津分公司海上现场移动应急指挥通信系统

2）互联互通系统

该系统实现了与政府主管部门共享海上石油平台的基本信息、溢油应急设备和物资、油指纹库、油田海域海洋环境现状调查、环境敏感区位置等信息；在应急期间可以传达应急任务及相关通知，报送事故信息、应急方案、处置情况、应急资源配置及到位情况等信息，并可实时开展视频会商工作。

3）视频监控系统

该系统可将有限天津分公司所属的采油平台、钻井平台、工程船舶、FPSO、陆地终端、码头等视频监控实时传输到应急指挥中心，如图5.4所示。

图5.4　有限天津分公司视频监控系统

4）出海人员动态跟踪管理系统

该系统可实时掌握有限天津分公司海上人员的基本信息、海上作业总人数、海上石油设施人数分布等。

5）海上溢油漂移预测系统

该系统根据泄漏点的海况、环境资料、溢油量等推算出溢油的漂移方向、距离、范围等。

6）渤海海洋环境综合服务平台

该平台可实时查询气象预报、台风风暴潮、渤海海域潮流和潮汐等信息，实时发布各种灾害预警信息，为海上安全生产提供气象保障。

5.5.3　有限上海分公司生产作业协同指挥系统

有限上海分公司生产作业协同指挥系统（图5.5）将动态监视数据、业务数据与概览图紧密关联，融合台风信息、平台综合信息、终端综合信息、设备动态数据信息、海底管道运行信息、人员信息和船舶信息等，构成一体化三维组态式的生产作业协同指挥界面。

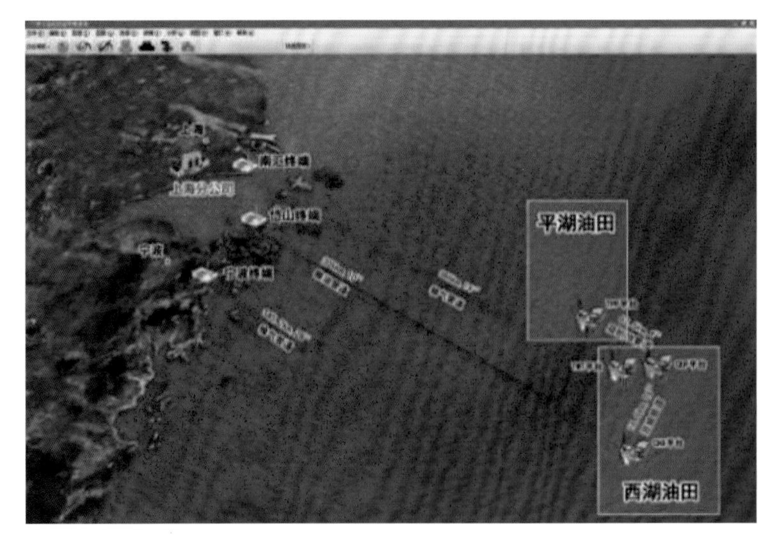

图5.5　有限上海分公司协同指挥平台界面

（1）台风信息展示：在三维平台上可视化查看台风路径、强度、风圈、与海上石油设施的距离等信息（图5.6），同时结合海上石油设施的人员数量，应急撤离资源等生成撤台报告。

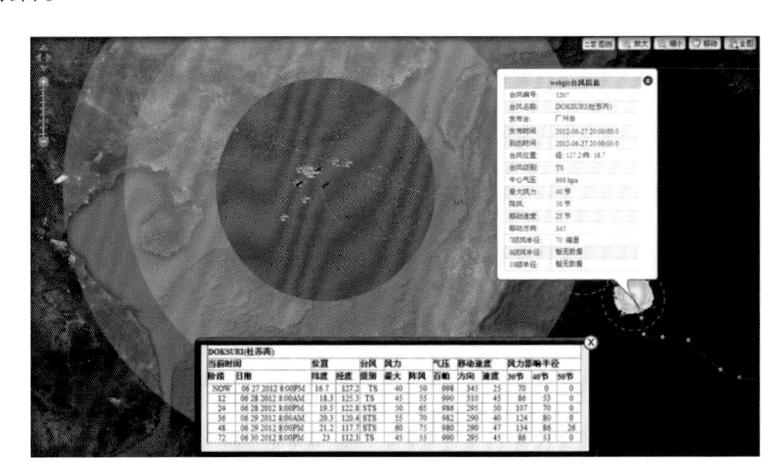

图5.6　有限上海分公司台风信息展示

（2）平台综合信息展示：结合三维场景显示各平台井口数量、当前人员数量、产量、关键设备等。

（3）终端综合信息展示：结合三维场景显示各终端当前人员数量、产量、关键设备等。

（4）设备动态数据信息展示：结合三维场景显示设备设施的台账信息，包括从采购到货、安装、更新改造、备品备件、检修、退役等全流程信息的可视化查询。

（5）海底管道运行信息展示：结合三维场景显示海底管道的路由信息、管道动态数据（入口压力、出口压力、入口温度、出口温度）、管线通球报告等。

（6）人员信息展示：可视化查看每一个海上石油设施中人员数量和信息，便于人员调配及应急状态下的人员疏散。

（7）船舶信息展示：可在三维场景中清楚直观地查看船舶的实时位置以及周边信息。

5.5.4　有限深圳分公司应急管理系统

有限深圳分公司应急管理系统采用高智能化信息技术，在应急突发事件的处置过程中承担了上传下达、调度指挥等重要任务，极大提升了应急突发事件的处置能力和水平。

1）气象服务系统

该系统集成现场实况、日常预报、台风预报、拖航潮汐预报等为一体，为有限深圳分公司及时提供海上各种天气预报预警。

2）应急视频会商系统

该系统是一套集语音、数据、图像为一体的电视电话会议系统，支持多方交互式视频会议、多方数字混音和多画面处理，实现与集团公司、作业现场、服务支持单位、相关专家的视频会商。

3）电话会议系统

电话会议系统可容纳10名与会者参与，能消除移动电话和其他无线设备的干扰，提供清晰、可靠的语音质量。

4）出海人员动态跟踪系统

该系统可实时掌握生产作业现场的人员信息和动向，为应急状态下快速了解现场的人员情况和编制应急撤离计划提供依据。

5）现场数字视频监控系统

该系统具备将海上视频信号发送至陆地的能力，可实时查看海上平台的视频监控，极大提升了海上突发事件的处置时效性。

6）船舶监控系统

该系统结合电子海图，快速直观地展现海上作业船舶动态信息，为海上作业安全和生产调度提供保障。

5.5.5　海油工程生产应急指挥系统

海油工程生产应急指挥系统（图5.7）是根据集团公司关于应急指挥系统建设的要

求而实施的，旨在建立统一的应急信息快速交换通道，整合现有应急管理机构和信息资源，建立应对突发事件的快速反应平台，实现与集团公司应急指挥中心快速有效对接。

1）显示功能

采用先进的显示拼接大屏幕，可同时显示多个计算机窗口和视频窗口，支持整屏和单屏显示，并可实现窗口的缩放和移动。

2）船舶动态跟踪功能

通过电子海图与船舶自动识别系统（AIS）集成，可以实时显示船舶位置、人员信息、即时航速、航向信息以及预测任一时段的船舶位置。

3）视频会商功能

通过视频会议终端可实现与集团公司、有限各分公司、海上船舶以及其他相关单位召开视频电话会议。

4）通信功能

拥有完善的通信手段，包含25路电话接口和48路网络接口，随时随地接入无线网络，配备应急电台和高频电话等。

5）应急资料展示和查询功能

直观展示并查询应急资料库信息，包括场地信息资料、应急预案及程序、应急专家库、应急通信表、应急资源、气象信息、应急法律法规等。

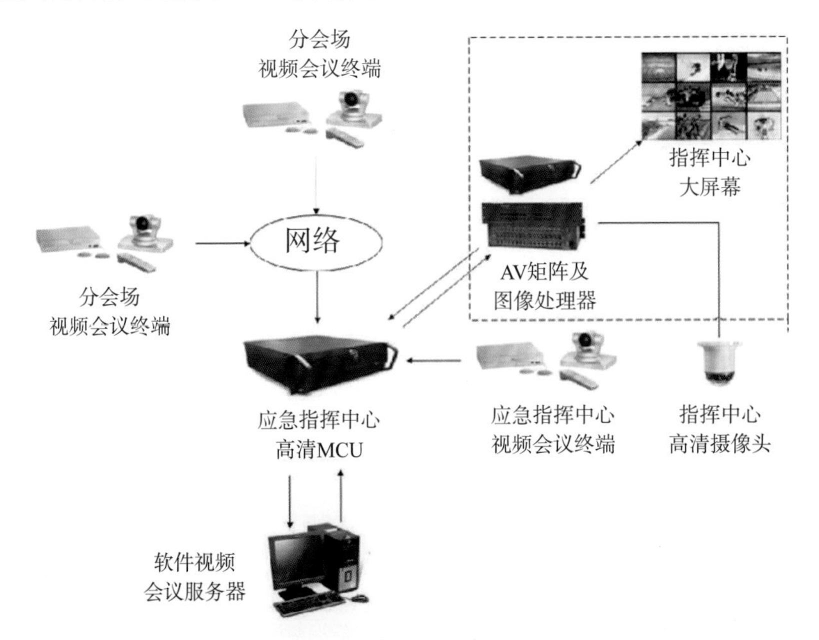

图5.7　海油工程应急指挥系统构成与功能

第6章

海上油气田防台实践

40

中国海油海上油气田的防台管理时刻以“人本、执行、干预”的企业文化为行为准则，以“四位一体”的应急管理体系为建设标准，持续强化应急队伍建设，充分应用信息化手段，以法律法规为红线、公司制度为底线，坚决杜绝因台风造成的安全事故尤其是人员安全事故的发生。

通过多年来的生产实践，海上油气田在台风防范与准备、监测和预警、应急处置、恢复与重建四个环节（图6.1）总结形成了一套具有海油特色的理念、准则、制度、规范、要求和做法，成为了防台工作的最佳实践，为支撑公司健康可持续发展提供了坚实基础。

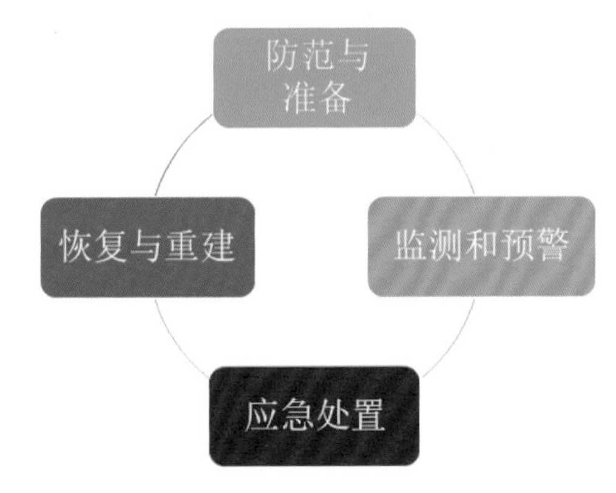

图6.1　防台应急管理的四个环节

6.1　台风防范与准备

凡事“预则立，不预则废”，应急工作尤其如此。海上油气田防台因具有难度大、风险高等特点，因此需非常重视台风防范与准备工作。目前的主要做法包括：一是根据上一年的防台情况，及时组织防台预案的制修订工作，制修订完成后立即安排预案培训工作，并进行实战演练；二是对海上生产设施进行抗风能力评估，夯实在应对台风灾害方面的数据基础；三是注重防台隐患排查治理，有效降低台风对海上油气田造成的损失；四是做好防台应急物资储备，保障防台期间物资供应充足；五是通过购买重要设备设施的台风灾害保险，有效弥补因台风而造成的设备设施损失。

6.1.1　防台预案制修订、培训与演练

1）防台预案制修订

防台预案的制定是为了确保台风应急过程中的各项工作有序运转。当出现使用的防台应急预案的上位预案的有关规定发生较大变化、防台应急指挥机构及其职责发生调整、防台面临的风险发生较大变化、防台重要应急资源发生较大变化、防台应急演练和

防台实践中发现问题等情况时，则需对防台预案进行及时的修订并发布，以免对防台应急响应产生影响。

2）应急培训

针对应急培训，中国海洋石油集团有限公司提出了明确要求：①各所属单位每年应分析应急培训需求，编制相应的应急培训计划，并针对不同的岗位职责安排不同的内容；②建立健全应急管理培训档案，准确记录参加人员、培训内容及考核情况，持续改进培训效果。

为了进一步加强防台应急培训的针对性和有效性，对不同类型人员的培训内容进行了规定：①应急指挥人员应培训防台应急预案结构、应急计划、应急部署及职责、报告程序和方式、台风基本知识、防台减灾知识、自救和互救能力；②现场操作人员应培训防台应急部署及职责，主要应急设备的使用、各种应急部署执行要求、隐患排查、台风基本知识、自救和互救能力。

3）应急演练

中国海油要求各所属单位每年应组织应急演练2～3次。一般来说防台演练（图6.2）应包括接到气象部门台风预报、下达台风预警指令、召开防台会议、分阶段撤台等步骤，中间穿插个别直升机无法起飞、台风路径发生变化、台风强度发生突变等特殊情况，让防台演习更加贴近实际。

图6.2　防台桌面推演

6.1.2　海上生产设施抗风能力评估

近年来超强台风等极端天气频发，给海上油气田的防台工作带来了很大挑战，如何科学评估海上生产设施的抗风能力也成为了我们迫切需要解决的问题。

目前，受到广泛认同的评估法有两种：一种是用统计方法来估算设施的倒塌概率，另一种则是用结构的储备强度来评估设施的失效概率。不管使用哪种方法，环境荷载作用下海上生产设施结构的极限承载能力分析都是主要问题。关于海上生产设施的极限承载能力分析方面国内外学者已做了大量的研究工作。在国外，美国石油学会与国际标准组织推荐以静力弹塑性分析方法评估海上生产设施极限承载能力，也是目前国际上普遍采用的评价方法。国内学者在海上生产设施静载和环境载荷作用方面开展了大量研究工作，但在台风作用下的极限承载能力的研究不多。

1）整体结构评估

在海上生产设施整体结构评估方面，中国海油提出了充分授权、分阶段实施的策略，由各所属单位依据实际情况进行推进。截至2020年6月，有限上海分公司已完成评估的海上生产设施18个（表6.1），占运营海上生产设施总数的100%，其中最小的抗风等级为15级，最大的抗风等级为17级；有限深圳分公司已完成评估的海上生产设施26个（表6.2），占运营海上生产设施总数的70%，其中达到危险级阶段的最小抗风等级为

表6.1　有限上海分公司海上生产设施抗风能力评估

抗风等级	按设计值评估设施数量（个）	按实际情况评估设施数量（个）
15级	13	16
16级	4	1
17级	1	1

表6.2　有限深圳分公司海上生产设施抗风能力评估

危险级阶段的抗风等级	设施数量（个）	灾难级阶段的抗风等级	设施数量（个）
13级	2	13级	0
14级	9	14级	0
15级	13	15级	8
16级	2	16级	15
17级	0	17级	3

表6.3　有限湛江/海南分公司海上生产设施抗风能力评估

抗风等级	按设计值评估设施数量（个）	按实际情况评估设施数量（个）
13级	3	2
14级	21	4
15级	2	7
16级	9	1
17级	14	1

13级、最大抗风等级为16级，达到灾难级阶段的最小抗风等级为15级、最大抗风等级为17级；有限湛江/海南分公司已完成评估的海上生产设施15个（表6.3），占运营海上生产设施总数的31%，其中最小的抗风等级为13级、最大的抗风等级为17级。

2）典型设备设施评估

基于结构设计图纸和结构评估数据应用有限元软件对海上油气田的典型设备设施进行建模，在保持结构的刚度和质量的等效性并考虑空间分布的情况下，对非必要结构进行合理的抽象和简化，建立台风灾害实时预测模型。

该模型可实现快速模拟不同结构发生危险颤振和驰振的临界风速、涡激振动和抖振的最大振幅范围和发生条件、不同风速对结构的荷载评估以及台风期实时监测数据对海上典型设备设施的影响预评估等。

利用台风灾害实时预测模型，根据预定的破坏形式对海上典型设备设施进行破坏分析，应用蒙特卡洛法通过不同风速作用下的结构计算，得到不同台风环境条件下的结构可靠度指标。根据各个设备结构的可靠性指标及功能要求的不同，建立基于构件可靠度的优化设计模型，对海上典型设备设施的环境荷载和荷载抗力分项系数进行优化研究，并将基础数据库、工况数据库、环境载荷数据库以及可靠性计算模型进行整合，从而得到海上典型设备设施的可靠性数据库。

6.1.3　防台隐患排查治理

1）防台季前安全检查

做好台风季前检查工作是确保海上石油设施及配套工程在台风期间具备良好的防台能力、处于良好的防台状态的有力保障，台风季前直升机现场安全检查见图6.3。

图6.3　直升机现场安全检查

固定平台检查项目包括但不限于以下内容：①上部结构检查，包括生活楼、火炬臂、吊机与平台的结构连接状况、立管的卡扣与桩腿的结构连接状况；②导管架结构检查，包括海洋生物清理情况、导管架一般目视检查；③合理安排可能降低固定平台抗风能力的临时施工作业，比如大面积搭建脚手架，要注意选择好时间窗口，避免因来不及拆除而影响固定平台的抗风能力。

以FPSO为代表的海上浮式设施的检查项目包括但不限于以下内容：①单点系泊系统检查，包括浮筒结构、系泊附件、转塔结构、人员防护设施等；②船体结构检查，包括单点结构与船体的连接结构、直升机甲板模块与船体连接结构、火炬塔底部结构、起重机的支撑结构、生活楼底部结构、通风设备模块支撑结构、集装箱房与船体连接结构等；③机电设备检查，包括绞车、锚机和应急发电机等。

作业船舶应在台风季来临前举行一次紧急操舵演习、防水堵漏演习和防台检查。防台检查内容包括吊机钩头、扒杆、扒杆搁架等是否有损坏，钢丝绳有无变形，通导设备室外天线固定是否牢固等。

2）安全隐患应对

在台风季来临前，海上生产设施应针对超强台风采取有针对性的预案和强化措施，尽可能消除安全隐患，降低超强台风及其次生灾害影响。

海上油气田面临超级台风侵袭时，应关停工艺生产流程，关闭所有生产井，防止造成次生灾害。每次台风尤其是超强台风过后，作业现场应按照检验检测表的内容进行设备设施检验，重点检验锚链和平台桩腿状态，必要时邀请专业机构进行评估，确保安全应对下次台风。尽可能降低储存油气的罐体液位，对各个罐体的油水箱进行手动隔离，防止设备损坏后导致环境污染和二次伤害。由于台风对固定平台的顶甲板和各层甲板转角处损害最大，尽可能将以上区域的移动设备和松散物件转移至安全的区域。用铁丝绑扎固定采油树周围走道格栅板，防止格栅板被风刮起损坏井口控制盘周边管线。

6.1.4 防台应急资源储备

1）物资储备

每年1—2月有限各分公司向所辖的作业区征集防台物资（包括药品）清单并统一订购，4月份对防台物资到货及储备情况进行检查。为了防止海上生产设施人员无法撤离的突发情况，需足量配备就地防台期间的应急食品供应，包括饼干、瓶装水以及软饮料等。

2）海陆通信保障

各所属单位应及时规划并实施通信和网络建设，应对集团公司、陆上终端、海上作业现场的应急指挥中心和应急值班室之间的通信设施进行维保，保障各系统与设备能正常进行通话及视频连线。

3）直升机资源储备

直升机撤台具有时效性高、相对安全性好且能最大限度降低台风对海上油气田的产量造成的损失等优点，因此直升机是海上油气田撤台的首选方式。同时对撤台的直升机提出了严格要求：①应具有抵抗8级以上大风的能力；②每架直升机应至少配备两套机组人员，飞行员必须具有在大风中飞行的经验，至少有一套机组人员具有仪表飞行的资质；③至少有一架直升机具有绞车飞行作业能力并配备有相应的操作和救助人员。

有限天津分公司可动用直升机7架，其中开发区九大街机场1架、兴城机场1架、蓬莱机场3架、塘沽海直机场2架，每天飞行按4轮计算，最大撤台能力364人/天（表6.4）。有限上海分公司可动用直升机5架，全部来自舟山机场，每天飞行按3轮计算，最大撤台能力264人/天（表6.5）。有限深圳分公司可动用直升机12架，其中深圳西丽机场8架、珠海九洲机场4架，每天飞行按3轮计算，最大撤台能力642人/天（表6.6）。有限湛江/海南分公司可动用直升机12架，其中湛江机场3架、三亚凤凰机场2架、坡头直升机机场5架、三亚关厢机场2架。每天飞行按3轮计算，最大撤台能力579人/天（表6.7）。

表6.4 有限天津分公司直升机撤离能力

序号	机型	最大飞行速度（km/h）	乘员（人）	数量（架）	应急撤台能力（人/天）	基地位置
1	S-76C++	287	12	1	48	开发区九大街机场
2	S-76C++	287	12	1	48	兴城机场
3	S-76C++	287	12	2	96	蓬莱机场
4	S-92	300	19	1	76	
5	EC155B	324	12	2	96	塘沽海直机场

表6.5 有限上海分公司直升机撤离能力

序号	机型	最大飞行速度（km/h）	乘员（人）	数量（架）	应急撤台能力（人/天）	基地位置
1	EC155	324	12	1	36	舟山机场
2	超美洲豹	310	19	4	228	

表6.6　有限深圳分公司直升机撤离能力

序号	机型	最大飞行速度（km/h）	乘员（人）	数量（架）	应急撤台能力（人/天）	基地位置
1	超美洲豹	310	19	5	285	深圳西丽机场
2	EC225	310	19	2	114	
3	EC155	324	12	1	36	
4	S-92	300	19	3	171	珠海九洲机场
5	S-76C++	287	12	1	36	

表6.7　有限湛江/海南分公司直升机撤离能力

序号	机型	最大飞行速度（km/h）	乘员（人）	数量（架）	应急撤台能力（人/天）	基地位置
1	S-76C++	287	12	1	36	湛江机场
2	S-92	300	19	2	114	
3	S-76C++	287	12	1	36	三亚凤凰机场
4	S-92	300	19	1	57	
5	EC155B	324	12	2	72	坡头直升机机场
6	S-92	300	19	2	114	
7	EC225	310	19	1	57	
8	EC155B	324	12	1	36	三亚关厢机场
9	EC225	310	19	1	57	

4）船舶资源储备

船舶的撤离能力与现场正在作业的船舶数量有关，在非应急状态下，船舶避台应严格控制随船人员数量。用于人员撤离的船舶应具有抵抗8级以上大风的能力并在6级大风时能靠泊海上石油设施。船长应具有防台风的经验。在防台准备期间，应尽可能清理甲板可卸载货物，及时调整配载，使船舶处于良好的工作状态。

6.1.5　台风灾害保险

为了规避和降低海上生产作业带来的风险，增强抵御自然灾害和意外事故的能力，使保险管理工作进一步程序化、系统化、制度化，中国海油专门制定了《保险管理办法》。对于重要的海上石油设施，如固定平台、海上浮式设施以及作业船舶等由集团公司统一进行投保。对于作业过程中的关键工序或者有重要风险的作业可由各所属单位根据作业实际进行有针对性的投保。

6.2　台风监测预警

在台风的监测和预警方面，中国海油通过购买专业气象机构的预报服务以及自主攻关的方式，逐年加大监测与预警力度。目前为中国海油提供气象服务支持的机构有7家，分别是中央气象台、国家海洋环境预报中心、大连海事大学、广东气象局、海油发展安全环保公司、海油发展信科公司以及上海海洋石油气象服务有限公司。世界各国的台风预报水平虽然一直在进步，但是要对其路径进行准确预报还比较困难（图6.4），因此海上油气田在防台决策过程中，需参考多家气象机构的预报结果，充分考虑安全余量，保障海上作业的人员和设施的安全。

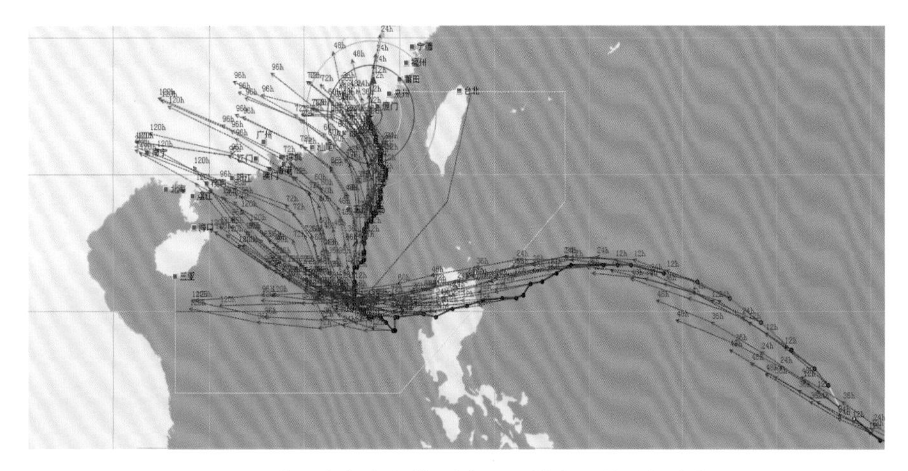

图6.4　世界各气象机构对台风“鲇鱼”的预报路径

6.2.1　台风信息跟踪与预警

中国海油规定系统内各单位都应指定专人负责接收官方发出的台风信息和预警报告，并与地方政府相关部门保持密切沟通，听从防台撤离建议与安排。应急值班室在收到气象服务单位提供的预警信息后，立即以邮件的方式发送给相关单位和人员。

此外，集团公司和有限各分公司与专业气象服务公司签订了气象服务协议。集团公司负责整个海油作业区域台风的跟踪，并对可能被台风影响到的所属单位进行提示。有限各分公司负责所辖海域台风的跟踪和预警信息的发布。其他所属单位可根据集团公司和有限分公司的提示和预警信息以及自行搜集到的预报信息进行台风的跟踪和预警的发布。

6.2.2 台风预报

中国海油为保障海上油气田开发的顺利进行，通过技术开发和购买预报服务等多种手段初步建立起了一套台风预报体系。

1）提前14～32天中长期台风预报

中长期台风预报一方面可以提供未来14天某海域是否会有台风影响及可能路径，另一方面可以提供未来11～32天期间台风在某个区域生成的概率，为相关单位的作业计划安排、人员倒班管理等提供参考。相关预报结果见图6.5。

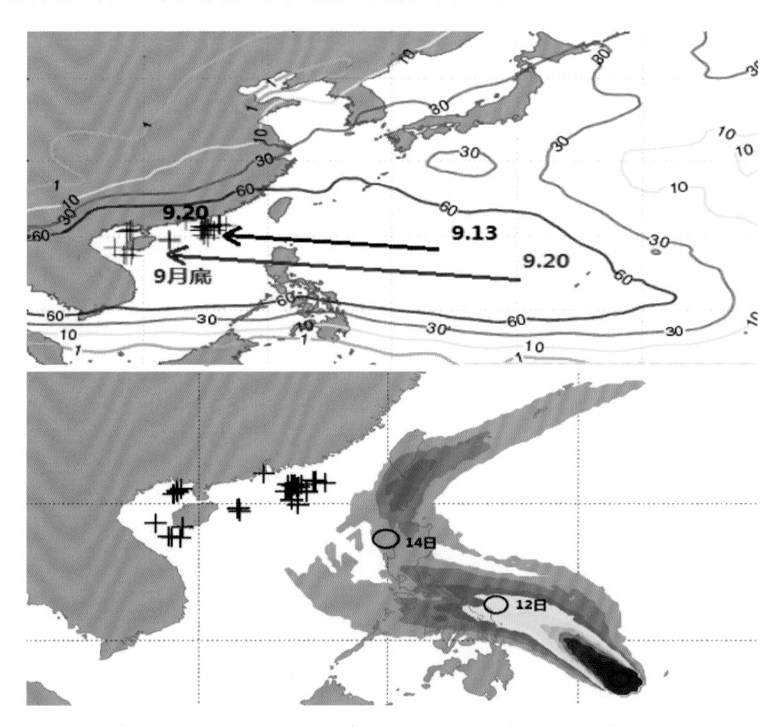

图6.5　提前11～32天台风生成概率预报（上）和提前14天台风预报（下）

2）提前10天海况预报

在每天12:00之前，预报未来10天海上石油设施附近的时间步长为6 h的风速和浪高信息。

3）提前3～5天台风预报

从台风扰动开始，对其生成、移动趋势、强度以及对海上油气田的影响进行预测。相关预报结果见图6.6。

4）当天热带气旋专报

中国海油有限各分公司根据防台实际需要，购买了当天热带气旋专报（图6.7），以获取更及时的台风信息，从而有针对性地制定台风应对策略。

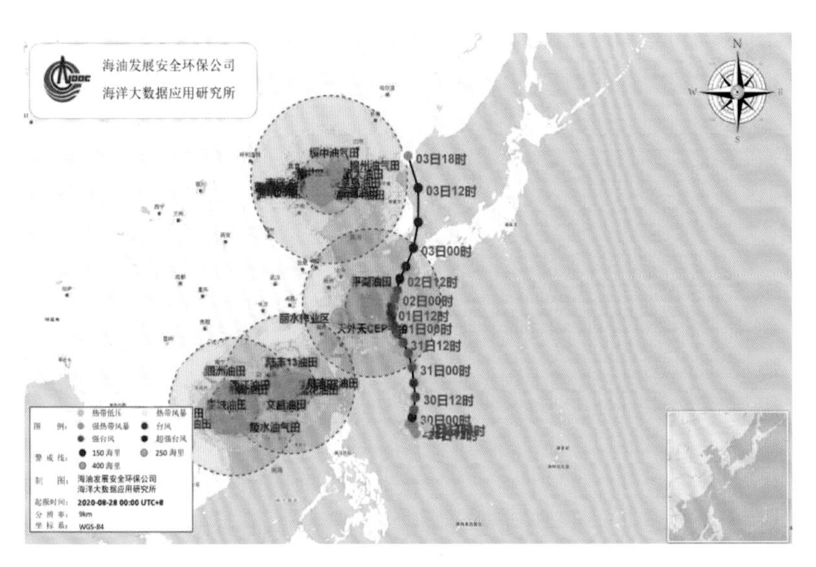

图6.6　提前3～5天台风预报

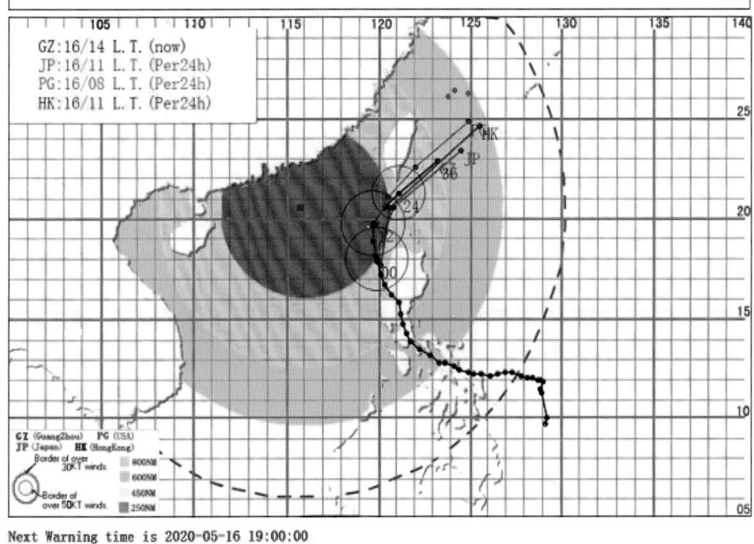

TO:CNOOC China Limited-Shenzhen Liuhua

FROM:METEOROLOGICAL SERVICE CO. OF SSOJSC

TROPICAL CYCLONE WARNING

Base Time:2020-05-16 14:00:00　　Issued Time: 2020-05-16 16:00:00

Intensity: TS　2001　(2001 VONGFONG)　NR: (21)

Valid	MM-DD-HH	Position		Status	Wind (KT)		MinP	Movement		AZI/DIS	Wind's Radii(NM)		
Time	LocalTime	Lon(E)	Lat(N)		MAX	GST	hPa	Dir °	Spd KT	(NM)	30kt	40kt	50kt
00	05-16-14	120.0	18.1	TS	40	50	995	332	12	SE/292	97		
12	05-17-02	119.8	19.9	TS	40	50	995	1	9	ELY/237	97		
24	05-17-14	121.2	21.4	TS	35	45	998	46	9	ELY/310	80		
36	05-18-02	123.3	23.0	TD	33	42	1000	48	12	ELY/443			

IT WILL DISSIPATE OVER SEA IN NEXT 48 HOURS

Next Warning time is 2020-05-16 19:00:00

图6.7　热带气旋专报

6.2.3　台风影响数据监测

为了实时评估台风对海上典型设备设施的实际影响，运用台风期海上设备设施监测系统对海上油气田生产的典型设备设施的应变应力、位移及倾角等物理量进行监测。

系统基于B/S（浏览器/服务器）架构，数据库采用MySQL和MongoDB的组合方式，兼容主流操作系统平台，配套移动端APP，为用户实现系统集成及多平台兼容打造良好的生态条件。系统可实现主要监测数据通过北斗模块传输，满足台风期断电的情况下不少于72 h的数据采集要求，具体功能如下。

1）测点设置功能

支持用户自定义建立测点并在图上设置测点示意位置，包括测点的基本信息，采集参数、传感器参数设置，测点数据存储设置。其中存储设置支持分析点数以及数据稀释规则自定义，便于用户信号处理以及数据存储结构优化，合理有效利用服务器存储空间。

2）工作状态监视功能

用户可以通过视图直接观测到实时图谱与典型异常图谱的特征对比，结合预设的判断依据，准确判断结构或状态异常。如果触发故障报警，对应的监测内容会以黄和红二级报警色显示当前报警级别。

3）实时报警功能

系统支持实时提示或向用户通过接口协议、邮件、短信和APP等模式推送当前结构/状态异常报警。

4）自定义测点数据展示功能

系统提供包括但不限于记录仪、数字表、仪表盘、表格、趋势图、频谱、倍频程、棒图、瀑布图、轴心轨迹、极坐标、视频、三维模型和GIS等多种监测常用控件，支持自定义布局和多种布局管理，满足不同的监测要求。

5）数据处理功能

数据处理包括统计信息分析、趋势分析、模态参数识别、基于应力谱的疲劳分析和报警值优化等。统计信息分析可以得到指定时间的极值、均值、方差等统计信息。趋势分析包括单一数据长期趋势分析和多个数据关联分析等。

6）系统自检管理功能

系统支持人工或周期性自检，实现从传感器到平台的全系统状态自诊断，并自动生成管理日志。

6.2.4　水文气象监测

中国海油依托海上石油设施分布广泛的特点，开展了对海上水文气象数据的监测，即使在台风等极端天气的影响下，只要平台不断电，观测站点都可以自动把实测的水文气象数据回传至陆地。

有限湛江/海南分公司开发的FPSO单点监测与预警系统包括单点定位系统，数字倾角监测系统，数据采集、处理和存储系统等，可以对FPSO的实时位置和姿态进行长时间、连续、准确和全方位的监测和预警，系统工作原理示意见图6.8。

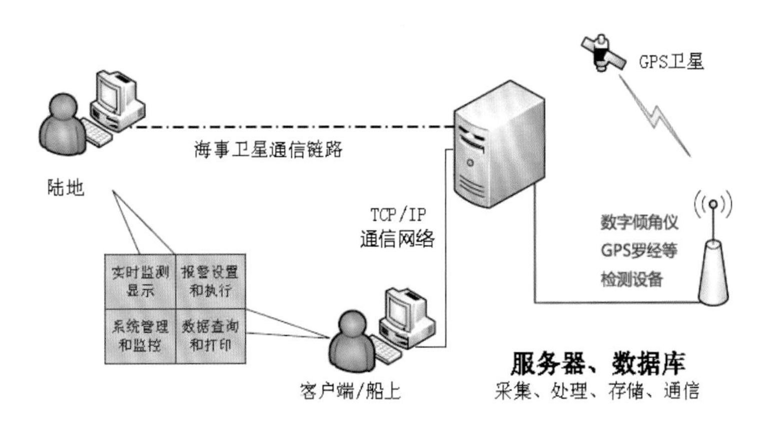

图6.8　单点监测与预警系统工作原理

6.3　防台应急处置

防台应急处置包括应急值守、应急撤离条件研判、撤离作业程序、台风过境工作安排、复台准备与实施、复台后作业程序共六个部分。

6.3.1　应急值守

应急值守不仅仅是指中国海油的相关人员在台风期间加强值守，而且还要求为中国海油提供气象预报服务的专业机构也安排专人同步值守。此项制度安排不仅有助于决策者准确掌握台风动态和现场情况，及时处置突发情况，而且还可以根据现场实际调整防台方案，做到精准施策。

值守人员应至少包括各层级的应急值班室、生产主管部门、安全主管部门。值守时间段从防台准备开始直至台风离开后恢复正常油气生产作业。

应急值班室的重要职能是上传下达，因此在信息传达的准确性方面需格外谨慎，凡有疑惑应重复问清，重要问题要复述核实，不得转达失误。

6.3.2　应急撤离条件研判

6.3.2.1　撤离顺序

为了最大程度降低因台风造成的产量损失，海上油气田撤台采取分批撤离原则。

第一类撤离人员为撤离后不影响其他大型作业（如钻井、修井、潜水）的人员；第二类撤离人员为第一类和第三类之外的所有人员；第三类撤离人员为关键人员，即撤离前维护生产和保护设施所需的最少人员。在实际的应急撤离中也把第一类人员和第二类人员统称为非必要人员。

6.3.2.2 撤离方式

在台风来临前，海上作业人员的撤离方式主要是直升机和船舶。直升机撤台速度快，但是单机撤离人员较少；船舶撤离速度慢，但是单船相对可撤离人数较多。因此各单位在区域协调的原则下，充分发挥各自资源优势，确保海上作业人员的安全撤离。

1）直升机撤离

在台风到来之前，将海上作业人员安全撤离，是直升机撤台的主要职责。直升机撤台既要考虑人员飞行的安全，也要兼顾直升机回到机场之后能够安全避开台风，因此需对其主要风险做充分评估。

因台风移动方向与速度有突变性，尤其是在靠近登陆点时，其速度与时间节点很难准确预估，所以必须留有余地，建议按预估时间提前12 h。因雷雨大风天气对直升机的安全飞行有极大的威胁，要在充分评估海上生产设施抗风能力的基础上，权衡直升机撤台与就地避台的风险，早做决策。

2）船舶撤离

船舶管理单位应当及时接收台风预警信息，科学研判，指导船舶选择合适的锚地避台，必要时应调整作业计划。船舶在保证安全的前提下应尽量远离其他国家领海，特别是政治敏感海域，但因不可抗力必须靠近沿岸国家近海暂避时，应主动向沿岸国家主管机关通报，如遇阻挠，可通过集团公司甚至我国外交部沟通协调，在确保安全的同时也要避免引起误判。

6.3.2.3 撤离条件

有限各分公司严格按照集团公司标准《海上石油设施防台风应急要求》进行非必要人员的撤离，但是在关键人员的撤离上，根据自身防台作业实际又做了一些限制性规定。

有限湛江/海南分公司规定台风8级风圈抵达红色警戒区并预报台风路径继续向海上油气田方向移动时撤离关键人员。有限深圳分公司规定台风8级风圈抵达红色警戒区且预报10级以上的台风中心经过红色警戒区时撤离关键人员。有限上海分公司规定气象预报台风对海上移动设施的影响风力达11级时、对海上固定设施的影响风力达12级时撤离关键人员。有限天津分公司规定台风路径或10级风圈到达红色警戒区，未来24 h内预报台风中心风力达10级以上且7级风圈覆盖的作业区域撤离关键人员。

6.3.2.4 撤离决策

海上油气田每一次撤台都面临着极大的损失：如果撤台太早，则造成工期损失、产量损失和撤台支出增大；如果太晚，则易造成安全事故或者人员无法撤离，损失更大。因此必须在保证人员安全的前提下，分阶段撤离，尽可能降低损失。在撤离过程中，如有任何突发情况，应及时报告，由应急指挥中心召开应急会议研讨应对方案。

（1）台风生成阶段：对于在西北太平洋生成的洋台风，由于距离作业区较远，气象预报有可能对海上油气田的生产造成影响时，应暂停倒班并严格控制海上作业人数，及时跟踪台风信息；对于在南海生成的土台风，由于距离作业区较近，气象预报有可能对海上油气田的生产造成影响时，台风的8级风圈前沿有可能已经抵达绿色警戒区、黄色警戒区甚至红色警戒区，因此需立即部署人员撤离。

（2）台风8级风圈前沿抵达绿色警戒区：受台风影响的有限分公司应急指挥中心组织召开第一次防台应急会议，根据台风情况、辖区内各单位作业情况、可用撤离资源、撤离人数以及海上石油设施位置等，对海上生产作业及人员撤离顺序做出初步安排。

（3）台风8级风圈前沿抵达黄色警戒区：受台风影响的有限分公司应急指挥中心召开第二次防台应急会议，统筹安排非必要人员的撤离。

（4）台风8级风圈前沿抵达红色警戒区：受台风影响的有限分公司应急指挥中心召开第三次防台应急会议，研判台风继续向作业区域靠近时，适时下达关键人员撤离的命令。

6.3.3 撤离作业程序

撤离作业程序主要是指台风的8级风圈前沿进入绿色警戒区、黄色警戒区和红色警戒区时，海上石油设施的作业流程和工作安排。

6.3.3.1 直接关停类固定平台

如影响海上油气田的台风强度较高，尤其是超强台风，在撤离前还需做好以下措施：一是钻杆、套管、集装箱等可移动物资等应及时运回陆地，如无法撤离平台，应做好安全保护措施；二是对外输管道进行扫线，防止发生次生事故。

直接关停类固定平台以“惠州19-3”为例进行说明。

1）台风8级风圈前沿进入绿色警戒区

平台总监在接到避台指令后，应立即开展撤台准备工作，各人员工作程序见表6.8。

表6.8 台风8级风圈前沿进入绿色警戒区“惠州19-3”平台人员工作程序

序号	负责人	工作程序
1	平台总监	1. 收到避台指令后，立即执行相关撤台准备工作
2	安全助理	1. 时刻关注台风动向，提醒各部门进行防台准备工作
3	生产主操	1. 检查台风发电机、应急发电机和柴油消防泵等设备柴油罐的液位； 2. 检查所有油井的套压是否正常，开启造水机，保证平台淡水量
4	机械主操	1. 检查应急发电机和台风发电机系统，并启动测试； 2. 绑扎可移动的物件，将小物件放入相应的材料柜并锁好柜门
5	电气主操	1. 检查平台雾灯、应急发电机、台风发电机和台风空调是否正常
6	仪表主操	1. 检查现场所有仪表电气接线箱是否密封良好，备份相关数据
7	电报员	1. 准备对讲机，检查不间断电源状况
8	计材师	1. 检查固定及绑扎材料是否齐全、平台集装箱物资存储状况、各层甲板气瓶架固定情况
9	甲板工	1. 归拢平台所有松散物资，清理生产区垃圾袋中的垃圾

2）台风8级风圈前沿进入黄色警戒区

平台应确定人员撤离方案，并做好固定绑扎工作，各人员工作程序见表6.9。

表6.9 台风8级风圈前沿进入黄色警戒区“惠州19-3”平台人员工作程序

序号	负责人	工作程序
1	安全助理	1. 协助总监确定人员撤离方案； 2. 做好撤台人员的安全教育和防台前的安全检查工作
2	生产主操	1. 启动沉箱泵，泵出沉箱中所有的污油，然后停泵并关闭沉箱泵的出口隔离阀； 2. 输送低压火炬罐的污油至外输管线，关闭污油泵和控制盘加热器电源； 3. 收集井口区取油样使用的量筒等工具
3	机械主操	1. 与吊车司机将各种软管吊至甲板上，并绑好固定； 2. 封锁相关防火门
4	仪表主操	1. 检查空压机连接情况是否正常； 2. 检查所有接线箱的防水措施是否可靠； 3. 检查相关控制器、钻井区灭火控制系统是否正常； 4. 旁通关停信号，隔离警报器
5	电气主操	1. 检查开关间、生活区等的室外风闸是否正常

3）台风8级风圈前沿进入红色警戒区

平台应开始油井关停的相关工作，组织关键人员撤离，各人员工作程序见表6.10。

表6.10　台风8级风圈前沿进入红色警戒区“惠州19-3”平台人员工作程序

序号	负责人	工作程序
1	生产主操	1. 旁通分散控制系统的压力、液位及其他相关信号； 2. 通知电气部门和现场操作开始关井，停止注入化学药剂，关闭相关阀门； 3. 关掉所有油井后，关闭各生产井的阀门和上下游隔离阀，关闭柴油消防泵和电消防泵； 4. 断开造水机的电源、关闭海水提升泵和污水处理系统，打开旁通阀； 5. 关闭所有喷淋阀的上下游隔离阀和生活水泵； 6. 停止生活区空调后，将生活区风管进出口的盖板关上并锁好； 7. 在控制盘上手动停止空气压缩机
2	机械主操	1. 检查应急发电机，启动后将空气罐进出口关闭； 2. 检查台风发电机一切正常后，通知相关人员； 3. 停止生产区空调后，将生产区风管进出口的盖板关上并锁好； 4. 确保生产区开关间无工作人员出入后，关门后用胶布和硅胶密封； 5. 停止应急发电机后，协助仪表主操将发电机的百叶窗关闭； 6. 广播通知所有人员到直升机候机区，确认人员到齐时，关闭生活区所有门窗，装上防风木板并用螺丝固定； 7. 在电报间放好备用的活动扳手、手电筒和对讲机
3	电气主操	1. 配合关停生产，启动应急发电机，切换主电到应急电； 2. 与仪表部门确认后，关闭不间断电源系统； 3. 启动台风发电机，切换应急电到台风电源，启动台风空调，关闭应急发电机； 4. 关闭开关间，做好密封
4	仪表主操	1. 断开生产区、生活区和钻井区灭火系统的输出电磁阀，旁通所有火气探头； 2. 协助关闭所有喷淋阀的上下游隔离阀，确认平台不需要监控后，关闭各控制柜电源； 3. 关闭各操作站及工程师站计算机，并将计算机用塑料袋包好

6.3.3.2　台风模式生产类固定平台

如影响海上油气田的台风强度较高，尤其是超强台风，在撤离前还需做好以下措施：①钻杆、套管等应及时撤离平台，如无法撤离平台，尽可能平放在甲板上并系固好；②集装箱和气瓶架等可移动物资应及时撤离平台，如不能撤离平台，应做好安全保护措施；③适时停止台风生产模式。

台风模式生产类固定平台以“残雪”为例进行说明。

1）台风8级风圈前沿进入绿色警戒区

平台应立即进行撤台的准备工作，包括设备设施的检查、松散物品的绑扎、第一类人员的撤离等，各部门工作程序见表6.11。

表6.11　台风8级风圈前沿进入绿色警戒区“残雪”平台工作程序

序号	部门	工作程序
1	工艺	1. 检查天然气流程和油水系统是否有泄漏，测试生产水系统排海的严密性； 2. 检查化学药剂罐、动力设备及热油膨胀罐是否正常，检查现场仪表与中控参数符合性； 3. 清洗流程液位计，清理甲板地漏杂物，取下地漏盖帽； 4. 清理高空杂物，固定现场零散物品和灭火器等； 5. 检查各井开关情况是否正常，测试燃料气补气管线流程正常后投用； 6. 绑扎固定化学药剂和危化品，封闭化验室门，测试油相和气相调节阀的自动控制功能； 7. 拆除现场临时管线，必须保留的需进行固定，并有效隔离
2	机械	1. 检查生活区和生产区门锁使用情况，准备好封门所需的物料； 2. 检查吊车柴油箱的液位是否合适，检查热介质锅炉系统、造水机及淡水系统是否正常； 3. 排空空压机的冷凝水，拆洗疏水阀； 4. 检查应急发电机、厨房冷库、中央空调和分体空调是否正常，测试消防泵的自动启动功能； 5. 检查平台的主桩腿和群桩腿并拍照留档，检查消防管网和海水管网的排海管线是否正常； 6. 检查平台栅栏走道的格栅板、护栏以及电缆桥架等是否正常
3	仪表	1. 包裹各设备控制盘及部分接线盒，检查闭路电视系统，清洁室外镜头； 2. 复位中控火气系统，确保无报警信号； 3. 测试应急发电机的启动功能，检查并测试风闸储气罐压力； 4. 调试平台栅栏走道的摄像头，检查平台海缆箱以及海缆立管段，并拍照留档
4	终端	1. 确认工作站无异常后，启动工作站，测试远程控制系统和操作台上的复位键是否正常

2）台风8级风圈前沿进入黄色警戒区

平台应做好切换至台风生产模式的准备工作，包括流程切换、设备调试和通信测试等，各部门工作程序见表6.12。

表6.12　台风8级风圈前沿进入黄色警戒区“残雪”平台工作程序

序号	部门	工作程序
1	工艺	1. 检查采油树、井口控制盘液位及压力、燃料气管线是否正常，固定油嘴锁销； 2. 生产水系统撇油结束后隔离撇油流程，适当提高自由水分离器的水相液位； 3. 关闭原油外输泵和湿气压缩机，停注阻垢剂，手动隔离生产分离器的油相和水相； 4. 关闭生产井的临时气举管线和压缩机冷却器，停用热油循环泵，隔离并关闭不必要的流程； 5. 测试台风生产模式系统运行情况，确认台风期间需要旁通的信号； 6. 检查中控所有防爆手电筒和对讲机是否可用
2	机械	1. 固定相关的移动物品，固定吊车的大小钩，封闭驾驶室的大门，切断电源； 2. 关闭湿气压缩机，用帆布包裹绑扎好，断开机修间的设备电源，关闭通风机和风闸； 3. 关闭进出生活楼的大门并用硅胶或胶带密封，只保留一扇门待关键人员撤离时封闭； 4. 挂好救生艇安全钩，关好艇门，绑扎救生筏
3	仪表	1. 断开吊车蓄电池和控制电源，检查火气系统和喷淋系统的状态是否正常； 2. 断开带缆走道的照明电源，锁好除中控外所有的配电间、自动灭火系统间和变压器间； 3. 与终端测试台风模式生产的试运行情况，关闭造水机，断开电源
4	终端	1. 远程登录闭路电视系统工作站对平台现场状况进行监控； 2. 与平台测试台风模式生产的试运行情况，正常后等待平台下达启动台风生产模式的命令

3）台风8级风圈前沿进入红色警戒区

如台风强度较高，尤其是超强台风，则应关停生产，撤离人员；如台风强度较低，满足台风生产模式的条件，经测试运行平稳后，撤离人员。各部门工作程序见表6.13。

表6.13　台风8级风圈前沿进入红色警戒区“残雪”平台工作程序

序号	部门	工作程序
1	工艺	1. 恢复旁通信号，平台生产转为台风模式，将中控操作权移交终端进行遥控生产； 2. 锁好中控水密门，防爆手电存放至报房
2	机械	1. 关闭机修间和应急间的大门并用硅胶或胶带密封； 2. 关闭应急机房进风口百叶窗，并用帆布绑扎好应急机房出风口； 3. 关停淡水泵，停止生活污水处理装置
3	仪表	1. 关停应急机，断开应急机的蓄电池连接电缆，断开淡水泵的电源
4	终端	1. 接到启动台风生产模式命令后，将平台的控制模式转换成台风生产模式

6.3.3.3　直接关停类FPSO

如影响海上油气田的台风强度达到危险级，在撤离前还需对FPSO进行调载以增强其抗风能力。如可能遭遇的是超强台风，在撤离前应尽量降低油舱中原油存储量，可根据FPSO当时的装载状况，先驳走原油，然后在油舱中注水，以使FPSO达到最佳的配载。

直接关停类FPSO以“海洋石油111”为例进行说明。

1）台风8级风圈前沿进入绿色警戒区

FPSO总监在接到避台指令后，应立即开展撤台准备工作，各人员工作程序见表6.14。

表6.14　台风8级风圈前沿进入绿色警戒区“海洋石油111”FPSO人员工作程序

序号	负责人	工作程序
1	FPSO总监	1. 收到避台指令后，立即执行相关撤台准备工作
2	安全监督	1. 监督和检查脚手架的拆除或加固工作，检查场地清理、物件固定工作情况
3	生产主操	1. 检查单点氮气瓶压力是否正常； 2. 整理或固定单点及上部模块的可移动设备，固定化验室内的仪器设备
4	机械主操	1. 固定船首舱、办公室、工作间、中央空调房、冷藏设备间等区域的移动设备
5	电气主操	1. 检查现场电气控制柜，采取必要的加固密封措施； 2. 检查照明灯具是否紧固，检查各配电间、主变压器房、电池间的门是否关严锁紧； 3. 检查中央空调机控制盘的面板是否关紧，进风口是否关闭
6	仪表主操	1. 检查各系统控制柜和仪表设备，确保固定牢靠并密闭良好
7	电报员	1. 检查对讲机是否可用，实时关注并转发天气预报
8	计控师	1. 检查固定及绑扎材料是否齐全，固定库房和办公室物件
9	水手长	1. 归拢甲板所有松散物资，把集装箱、垃圾箱、化学药罐等吊至拖轮送回陆地
10	外输	1. 清理或绑扎固定机泵舱内的松散物料，估算总油量，为外输售油提供依据

2）台风8级风圈前沿进入黄色警戒区

FPSO应确定人员撤离方案，做好安全检查工作，各人员工作程序见表6.15。

表6.15　台风8级风圈前沿进入黄色警戒区“海洋石油111”FPSO人员工作程序

序号	负责人	工作程序
1	FPSO总监	1. 确定人员撤离和FPSO配载方案
2	安全监督	1. 做好防台前的安全检查和撤台人员的安全教育工作
3	生产主操	1. 调整工艺舱的液位，准备停产时的氮气需求
4	机械主操	1. 检查舱口盖的密封情况
5	仪表主操	1. 备份相关资料，检查常用仪器和应急备件状况
6	电气主操	1. 检查上模块主变压器房风闸是否关闭，做好防水工作
7	水手长	1. 固定救生筏、救生艇、软梯、吊篮以及主甲板消防水龙带箱等设施； 2. 收起舷边的救生圈及附属灯具，放到储藏室，固定好船首锚链

3）台风8级风圈前沿进入红色警戒区

FPSO应进行油井关停的相关工作，组织关键人员撤离，各人员工作程序见表6.16。

表6.16　台风8级风圈前沿进入红色警戒区“海洋石油111”FPSO人员工作程序

序号	负责人	工作程序
1	生产主操	1. 提前做好避台期间的各种日报表，打开电脱设备旁通阀门，进行扫线准备； 2. 尽量开大氮气发生器到总管补气阀门，切换增压泵，驱替管线原油； 3. 停运冷却淡水循环系统，启动应急发电机，准备停送井口平台的电力； 4. 关闭化学药剂注入系统和油水分析仪； 5. 停产前旁通仪表相应地关断信号，停止余热系统，适时停运热油系统； 6. 关停锅炉燃油泵、原油增压泵，关闭工艺罐进气管线和排气管线阀门； 7. 检查各种控制柜、设备间的门是否关好，关闭单点水密门； 8. 关闭氮气系统和相关阀门
2	机械主操	1. 焊接固定吊货甲板上的集装箱，拆卸艉输软管，关停空调
3	电气主操	1. 固定生活楼房间的所有电视，切换雾笛导航系统至自动状态； 2. 关闭所有障碍灯的不间断电源、所有风机与风闸、主发电机及应急发电机； 3. 加强防护电气设备间的门
4	仪表主操	1. 隔离船首、船体及左右主机房的二氧化碳系统，拆除氮气驱动瓶的驱动杆； 2. 隔离喷淋系统、防火控制站内的快关阀系统，调整单点主液压系统； 3. 关闭船首及生活楼左右舷的风闸百叶窗，断开中控设备间各系统的不间断电源； 4. 关停中控室工程师站与服务器
5	水手长	1. 固定艉输系泊大缆、摩擦链以及引缆等； 2. 固定吊车大小钩，关好门窗并用收紧带固定吊臂，关闭水密门
6	外输	1. 关停并隔离冷却海水系统，检查通海阀及相关阀门的隔离情况； 2. 打印装载情况报告

6.3.3.4 台风模式生产类FPSO

如影响海上油气田的台风强度较高，尤其是超强台风，应时刻关注台风强度和路径，适时关闭台风生产模式。

台风模式生产类FPSO以“海洋石油116”为例进行说明。

1）台风8级风圈前沿进入绿色警戒区

FPSO总监在接到避台指令后，应立即开展撤台准备工作，如台风强度较高，需进行提油申请，各人员工作程序见表6.17。

表6.17 台风8级风圈前沿进入绿色警戒区“海洋石油116”FPSO人员工作程序

序号	负责人	工作程序
1	FPSO总监	1. 如台风强度较高，填写《超强台风FPSO提油申请》
2	安全监督	1. 监督和检查场地清理、物件固定工作情况
3	生产监督	1. 检查并测试防台风设备情况
4	维修监督	1. 提前绑扎较难固定的物品
5	中控主操	1. 启动污水处理设备和污油泵，尽可能降低生产水舱和污油舱液位； 2. 关停分油机、造水机、油水分离器和电梯等部分设备； 3. 确认应急发电机处于自动状态
6	货油主操	1. 关闭各压载舱的进出口阀门，提前预留台风模式生产期间的进液舱位
7	电报员	1. 测试通信是否畅通
8	计控师	1. 无法固定的集装箱或材料运回陆地，确认防台物料是否需要补充

2）台风8级风圈前沿进入黄色警戒区

FPSO应做好台风生产模式测试，如台风强度较高，需提前进行关停准备工作，各人员工作程序见表6.18。

表6.18 台风8级风圈前沿进入黄色警戒区“海洋石油116”FPSO人员工作程序

序号	负责人	工作程序
1	FPSO总监	1. 如台风强度较高，向应急值班室提交压配载方案
2	安全监督	1. 做好防台前的安全检查和撤台人员的安全教育
3	生产监督	1. 如台风强度较高，应提前与各井口平台确认停产时间，提前协调好提单方案
4	中控主操	1. 如台风强度较高，透平发电机切换到应急机后，关闭井口生产系统； 2. 如台风强度较低，与终端值班人员配合进行台风生产模式调试
5	货油主操	1. 如台风强度较高，需先进行提油，然后进行货油舱的压载； 2. 如不能提油，需根据载货情况进行压配载
6	动力主操	1. 如台风强度较高，启动应急机，关停生产后切换应急机带载，关停透平发电机； 2. 如台风强度较低，将电站设备转入台风生产模式进行调试
7	各井口平台长	1. 如台风强度较高，按照确定的停产时间，安排扫线工作

3）台风8级风圈前沿进入红色警戒区

FPSO应组织关键人员的撤离，并视台风强度的大小作出关停生产或开启台风模式生产的决策，各人员工作程序见表6.19。

表6.19　台风8级风圈前沿进入红色警戒区“海洋石油116”FPSO人员工作程序

序号	负责人	工作程序
1	工艺主操	如台风强度较高，则应： 1. 旁通生产系统关断信号，关闭各生产井，关停水下井口装置； 2. 关停干湿气压缩机、低压螺杆压缩机、低压往式压缩机、三甘醇系统和中控系统
		如台风强度较低，则应： 1. 测试台风生产模式的运转状态； 2. 运行平稳后通知终端切换为台风生产模式
2	操作中级	如台风强度较高，则应： 1. 关停缓蚀剂注入泵、甲醇注入泵及其他化学药剂注入泵，并关闭出口阀； 2. 检查并启动应急柴油发电机组； 3. 关闭采气树阀门； 4. 关停污水处理装置、中央空调、冷库、淡水泵、开排泵、海水提升泵和空压机等装置； 5. 检查所有房门是否关好
		如台风强度较低，则应： 1. 关停淡水泵、开排泵、热水加热器、造淡水系统，隔离吊机桩腿和钻井模块柴油罐等； 2. 检查所有房门是否关好
3	电气主操	如台风强度较高，则应： 1. 应急机带载，并车，关停透平发电机； 2. 做好现场控制柜的防水处理，关停应急机，关闭应急机房门及百叶窗
		如台风强度较低，则应： 1. 做好现场控制柜的防水处理； 2. 存放防爆手电和对讲机至报房
4	仪表主操	1. 关闭所有通风风闸
5	报务员	1. 如台风强度较高，直升机停靠甲板后，关停报务系统

6.3.3.5　钻井平台

一旦形成的土台风中心风力超过25 m/s，并可能袭击作业区域时，平台人员的撤离和井下处置的程序不受以下三种警戒区的限制。钻井平台应充分考虑土台风的形成发展快、外围风速大等特点，迅速作出应急响应。

钻井平台以“南海2号”为例进行说明。

1）台风8级风圈前沿进入绿色警戒区

钻井平台人员应立即按照《防热带气旋分工表》进行防台撤离的检查与准备工作，各人员工作程序见表6.20。

表6.20 台风8级风圈前沿进入绿色警戒区“南海2号”钻井平台人员工作程序

序号	负责人	工作程序
1	高级队长	1. 召开防热带气旋应急会议，制订防台计划，按照《防热带气旋分工表》进行检查； 2. 向作业公司应急值班室提交撤离人员计划、时间安排和作业情况的处理措施等
2	钻井队长	1. 制定《防热带气旋应急处置措施及时间计算表》，并落实应急处置所需各种物资； 2. 检查防喷器的性能，做好临时弃井的准备工作，如停钻避台，做好井眼的保护工作； 3. 在作业的同时，必须准备处置井下的各种情况
3	船长	1. 收集热带气旋预报及海区气象资料，确认平台可变载荷是否满足防热带气旋要求； 2. 检查救生设施、人员撤离设备设施、锚泊系统、水密门、风门和舱盖是否正常； 3. 甲板上的一些零散器材及设备应尽量搬到舱室内固定
4	设备监督	1. 检查应急发电机、台风发电机以及其他应急设备是否正常，启动台风发电机
5	电气师	1. 检查各信号灯及其应急备用电源是否正常
6	报务员	1. 检查直升机导航设备、应急通信设备及其他通信设备是否正常； 2. 保持与守护船的联系，要求守护船在平台附近待命

2）台风8级风圈前沿进入黄色警戒区

钻井平台应停止作业，做好井眼保护工作，各人员工作程序见表6.21。

表6.21 台风8级风圈前沿进入黄色警戒区“南海2号”钻井平台人员工作程序

序号	负责人	工作程序
1	高级队长	1. 按照作业公司的指令，停止钻井作业，做好井眼保护和人员撤离工作，一旦有突发情况，按照《防热带气旋应急处置措施及时间计算表》执行
2	钻井队长	1. 在人员完全撤离前，完成井下处理工作和相关的安全措施
3	船长	1. 绑扎固定救生设备和其他可移动设备设施，关闭非必要的水密门、舱门和通风口
4	电气师	1. 确认各信号灯及其应急备用电源是否正常

3）台风8级风圈前沿进入红色警戒区

钻井平台应组织撤离平台上全部人员，各人员工作程序见表6.22。

表6.22 台风8级风圈前沿进入红色警戒区“南海2号”钻井平台人员工作程序

序号	负责人	工作程序
1	高级队长	1. 关停所有动力设备，启动台风发电机，关闭所有的水密门、舱门、通风口和通海阀； 2. 启动应急电瓶组，撤离准备工作完成后，向作业公司汇报
2	船长	1.携带《航海日志》《轮机日志》和《电台日志》等相关资料撤离
3	报务员	1. 撤离前关闭电台
4	设备监督	1. 关闭应急发电机

6.3.3.6 船舶

船舶的撤离作业程序以“海洋石油202”非自航式铺管船为例进行说明。

1）72 h内无影响

台风预报72 h内对船舶无影响，气象员应持续关注台风动态，一旦收到台风预警信息立即向船长报告；船长应对台风可能的影响进行预先分析，与作业公司协商调整项目施工计划，做到不赶工期，及早撤离。

2）72 h内受台风7级风圈影响

台风预报船舶72 h内可能受7级风圈的影响，船长应及时召开防台应急会议，启动应急响应，各人员作业程序见表6.23。

表6.23 72 h内台风7级风圈影响“海洋石油202”时船舶人员工作程序

序号	负责人	工作程序
1	船长	1. 立即召开防台会议，拟定避台方案，重点明确避风锚地、路线及工程收尾等； 2. 将避台方案、在船人员名单及应急工作动态及时报告应急值班室； 3. 安排专人联络避风锚地或泊位事宜； 4. 一旦现场海况恶化，可立即进入下一阶段的应急工作
2	大副	1. 检查系泊设备、水密设备和甲板设备状况； 2. 检查起重设备、甲板货物和引水梯等的绑扎、固定及遮盖情况； 3. 检查船舶防台专用拖带设备是否正常，做好应急情况的预备措施
3	二副	1. 检查助航仪器、通信设备及应急电源等是否正常
4	三副	1. 检查堵漏器材、救生艇、救生烟火信号及卫星示位标等是否正常
5	大管轮	1. 检查主发电机系统和附属设备是否正常
6	二管轮	1.检查应急发电机组和应急照明系统是否正常，记录各燃油舱的液位并报告船长
7	三管轮	1. 检查各种水泵、阀门及仪表等是否正常
8	电机员	1. 检查电器设备、通信及导航设备是否正常

3）60 h内受台风7级风圈影响

台风预报船舶60 h内可能受7级风圈的影响，船长应立即进行工程收尾、起锚及拖带工作，各人员作业程序见表6.24。

表6.24　60 h内台风7级风圈影响“海洋石油202”时船舶人员工作程序

序号	负责人	工作程序
1	船长	1. 工程收尾、起锚及挂拖工作完毕后拖带前往避风锚地，可安排辅助船舶及早撤离； 2. 及时向应急值班室汇报防台措施、船舶动向、人员数量和现场情况； 3. 船舶在拖航期间注意安全，确保在台风到达前进入避风锚地或泊位； 4. 船舶到达锚地后与周围船舶保持安全距离，抛锚后加强值班和瞭望，防止溜锚、船舶失控、碰撞等事故的发生，如遇紧急情况应根据现场情况及时处置，并随时报告
2	报务员	1. 保持与各有关部门的通信畅通
3	气象员	1. 注意收听气象预报，加强现场观测，每两小时记录一次数据并进行对比
4	大副	1. 全面检查防台准备工作，并向船长汇报

4）60 h内受台风10级风圈影响

台风预报船舶60 h内可能受10级风圈的影响，船长应立即安排非关键船员撤离，各人员作业程序见表6.25。

表6.25　60 h内台风10级风圈影响“海洋石油202”时船舶人员工作程序

序号	负责人	工作程序
1	船长	1. 分批次撤离其他施工作业人员、非关键船员，将在船人员数量控制至最低； 2. 及时更新船舶在船人数，将拖轮挂拖作为应急情况的预备措施
2	大副	1. 检查船舶的水密设施，准备抛双锚，并在10级风圈影响船舶前完成相关工作； 2. 在码头系泊应加系泊缆并使其受力平均，在船与码头间应加密碰垫
3	轮机长	1. 不论抛锚还是系泊，应立即开始轮流值班，每小时记录一次
4	报务员	1. 保持与各有关部门的通信畅通

5）48 h内受台风12级风圈影响

台风预报船舶48 h内可能受12级风圈的影响，船长应立即安排所有人员撤离，各人员作业程序见表6.26。

表6.26　48 h内台风12级风圈影响“海洋石油202”时船舶人员工作程序

序号	负责人	工作程序
1	船长	1. 组织在船人员全部撤离，撤离时携带重要文件
2	大副	1.关闭甲板通气口
3	二副	1. 确认船舶示位和数据记录设备运行正常
4	大管轮	1. 关停发电机，关闭油柜速闭阀
5	二管轮	1. 关停应急发电机、电气设备及照明系统
6	三管轮	1. 熄灭锅炉，关闭海底阀

6.3.4　台风过境工作安排

台风过境不仅是指台风经过海上石油设施这一段时间，而是指从撤台完成到开始复台的更长的一段时间。

6.3.4.1　撤离至陆地人员的安排

从海上撤离至陆地的所有人员都应严格按照中国海油的相关规定，服从统一安排。近年来由于新冠病毒疫情影响，中国海油有针对性地制定了相应的管理规定，确保打赢疫情防控与生产经营双战役。

本公司员工由后勤服务公司统一安排住宿待命，在接到复台指令时应按时到指定地点集合准备复台。台风待命期间也属于上班时间，如要外出，需总监或指定管理人员批准，待命人员应保证接到复台指令后能够按时准备出海。

在新冠病毒疫情防控常态化期间，海上作业人员返回陆地后，安排专车送往指定住宿地点，酒店用餐统一由服务人员送往房间。

6.3.4.2　未撤离人员的安排

当现场海况不满足船舶停靠平台且风速超过直升机降落的要求时，此时无法继续撤离人员，海上生产设施总监应负责未撤离人员的安抚工作，并注意在台风到来前安排好相关工作。未撤离人员的海上生产设施应保障通信畅通，在风速超过20 m/s时，未撤离人员应关好门窗，留在室内。

6.3.5　复台准备与实施

气象服务单位发布台风警报解除的通知时，应急指挥中心应立即召开会议，结合撤离工具情况、海上生产设施情况、复台原则等，制定复台方案，合理安排复台行动。

1）复台原则

台风警报解除后，在确保安全的前提下，受影响海域的作业单位都需要尽快恢复油气生产。由于复台资源有限，因此油田复产时主要遵循以下原则：①优先保障守护船已到位、现场海况及航路具备飞行条件的设施；②优先保障启井复产的最低关键人员；③优先保障产量高、油质好、井温高、伴生气高的油气田。

2）复台顺序

对于海上生产设施，复台顺序与撤台顺序相反，后撤台的人员先复台。

3）复台前安全确认

台风过后或台风预警解除后，在复台前应首先对受台风影响的海上石油设施包括固定平台、FPSO、钻井平台或者船舶等进行隐患排查，确认可以登陆人员后，再进行复台。

应急指挥中心通过闭路电视系统、复台第一班直升机或者靠平台的第一艘船舶对固定平台的整体情况进行隐患排查，确认无损坏后，启动正式的复台程序。如台风强度较强且固定平台有损坏时，不允许直升机降落，需对平台进行航拍后返回，由应急指挥中心讨论确定进一步的应对措施。

FPSO的安全确认除采用固定平台的方法外，还可以通过观察FPSO周边是否有油污、台风前后FPSO吃水是否发生了变化以及FPSO漂离原位置是否超过设计值进行辅助判断。

对于钻井平台，如无弃平台情况发生，由平台上留守人员检查平台整体情况，评估其安全性；若出现弃平台的情况，需先乘坐直升机或者其他船舶对钻井平台的安全情况进行评估，评估无风险后再派操作人员登上钻井平台进行安全确认。

对于各类功能性船舶，在登船前首先需确认船舶外观是否有破损、姿态有无异常。如船上有留船人员，需先与留船人员进行沟通，确认安全后再进行登船；如船上无留船人员，先派两人上船进行检查，确认安全后再依次登船。

6.3.6 复台后作业程序

台风过后复台时，一般做法也是先飞行一班直升机确认设备设施正常后再飞行其他班次。

6.3.6.1 直接关停类固定平台

直接关停类固定平台在人员复台后应解除安全与救生设备的绑扎，恢复生活系统各设备设施等。以“惠州19-3”平台为例，各人员工作程序见表6.27。

表6.27　“惠州19-3”平台人员复台工作程序

序号	负责人	工作程序
1	安全助理	1. 解除安全与救逃生设备的绑扎，协助总监评估台风相关损失
2	生产主操	1. 开启空压机系统，打开公用和消防系统的隔离阀； 2. 检查并恢复海水提升泵、淡水泵和生活污水处理系统； 3. 切换柴油消防泵和电力消防泵至自动状态，开启所有的喷淋系统
3	机械主操	1. 检查平台设备情况
4	电气主操	1. 检查电器设备、应急发电机和不间断电源系统是否正常，启动空调系统
5	仪表主操	1. 检查空调防火风闸、现场仪表、接线箱和控制柜等设备设施； 2. 检查并恢复喷淋系统和气体自动灭火系统，配合操作部门恢复其他公用系统
6	计材师	1. 拆除各库房门的防风木板和密封胶布，恢复集装箱和气瓶架至正常状态
7	甲板工	1. 恢复救生艇、消防器材和吊车等主要设备，保持待命状态

6.3.6.2　台风模式生产固定平台

台风模式生产类固定平台在人员复台后应解除安全与救生设备的绑扎，恢复生活系统各设备设施等。以“残雪”平台为例，各部门工作程序见表6.28。

表6.28　“残雪”平台复台工作程序

序号	部门	工作程序
1	工艺	1. 拆除密封中控门和化验室门的硅胶，检查物品是否有损坏； 2. 检查闭排罐、开排罐和火炬分液罐等液位，切换开排槽和开排罐至正常流程； 3. 检查现场火炬的燃烧情况以及生产流程是否有“跑冒滴漏”； 4. 检查中控通信是否正常、各井的隔水套管是否正常、消防管网压力是否正常
2	机械	1. 统计因台风造成的设备设施损坏情况； 2. 检查平台各甲板地漏，如有堵塞应及时疏通； 3. 拆除避台时用来密封的胶带，归类回收用来绑扎物品的尼龙绳； 4. 检查并恢复应急机、消防系统、生活污水处理系统、空调系统和淡水泵等设备设施； 5. 检查并启动空压机； 6. 检查吊机电源、吊钩及各连接部位无问题后，对吊机进行试运转； 7. 检查并记录淡水罐和各柴油储罐液位
3	仪表	1. 检查火气系统和喷淋系统的状态是否正常，各接线盒是否有进水的情况； 2. 拆除应急机的风闸帆布，检查风闸储气罐的压力是否正常； 3. 开启造水机和应急机

6.3.6.3 直接关停类FPSO

直接关停类FPSO人员复台后，应解除相关设备的绑扎，检查并恢复生活系统各设备设施等。以“海洋石油111”FPSO为例，各人员工作程序见表6.29。

表6.29 “海洋石油111”FPSO人员复台工作程序

序号	负责人	工作程序
1	安全监督	1. 检查生活楼、消防和救逃生设备状态是否正常； 2. 检查内转塔内部结构和上部模块是否完好
2	生产主操	1. 检查控制器各项参数、管路的情况、压力容器的罐体及其连接情况是否正常； 2. 检查系统内主要设备并进行测试
3	机械主操	1. 检查主甲板管线膨胀节的状态是否正常，启动空调系统
4	电气主操	1. 统计室外照明的损坏情况，检查现场配电柜、电缆及露天设置的电气设备的完好性； 2. 检查各电气设备连接情况，重要电气设备需进行绝缘测试； 3. 与动力部门配合，检查应急发电机和主发电机无异常后，完成送配电相关工作
5	仪表主操	1. 检查现场各仪表控制柜、消防系统、各区域的防火风闸、快关阀系统是否正常
6	动力主操	1. 检查应急发电机和主发电机无异常后，启动应急发电机和主发电机
7	计控师	1. 撤销各库房门的密封胶布，恢复至正常状态
8	水手长	1. 解除甲板设备物料的固定绑扎，检查吊机的状态并进行调试

6.3.6.4 台风模式生产类FPSO

台风模式生产类FPSO复台后，应解除相关设备的绑扎，检查并恢复生活系统各设备设施等。以“海洋石油116”FPSO为例，各人员工作程序见表6.30。

6.3.6.5 船舶

确认船舶完好无损后，需登船做进一步的检查。以“海洋石油202”船为例，主要检查的设备名称及工作程序见表6.31。

表6.30 “海洋石油116”FPSO人员复台工作程序

序号	负责人	工作程序
1	生产监督	1. 重点检查单点系统、火炬和透平等设施
2	动力主操	1. 检查应急发电机组无异常后，启动应急机，拆除包裹控制面板和控制柜等的帆布； 2. 启动透平发电机后关停应急发电机
3	机泵工	1. 检查机舱设备完好情况，启动空压机，恢复仪表、工程、机舱和泵舱等的通风； 2. 启动海水泵、生活水泵和防海生物装置，打开防火风闸，启动机泵舱进出口风机； 3. 启动消防系统，开启饮用水和淡水系统
4	仪表主操	1. 检查中控控制柜和现场油水柜，启动液压遥控系统，打开生活楼两侧防火风闸； 2. 依次启动故障安全控制系统、中控系统和火气系统
5	电气主操	1. 检查应急机无问题后恢复隔离，测试送电设备绝缘情况并配合送电
6	中控主操	1. 打开通风风闸后启动风机，开启机舱海底阀门，检查工艺系统参数是否正常
7	机械主操	1. 打开左右舷两侧的水密门，启动中央空调，协助接机和加油等工作
8	吊车司机	1. 检查吊机状况是否正常，并试运行

表6.31 “海洋石油202”船舶复台工作程序

序号	设备名称	工作程序
1	应急发电机及照明	1. 检查发动机及配件是否有损坏，清洁电气接头并检查蓄电池； 2. 检查燃油系统和润滑油系统液位是否合适，空气系统和电气系统是否正常
2	电器设备	1. 确保应急电源状态良好可用，检查所有关键设备配电系统是否正常
3	空压机	1. 检查控制箱是否有异常报警，检查各系统管线接头、阀门及表头是否有泄漏； 2. 检查燃油液位、各指示灯、联轴器和空气瓶是否正常
4	发电机组	1. 检查系统是否泄漏，检查燃油、润滑油以及冷却水液位是否正常； 2. 检查增压泵、调速器、高压油泵、报警和自动保护装置是否正常； 3. 检查柴油机的预加热系统、盘车机系统、附属设备的海水和淡水系统是否正常
5	锅炉	1. 检查系统是否泄漏，安全阀、自动控制系统、燃油系统和给水系统是否正常
6	航行锚机	1. 检查各管线是否泄漏，检查油位、控制箱、指示灯、油泵和液压马达是否正常； 2. 启动液压泵进行试验
7	定位锚机	1. 检查油泵系统、水泵系统、液压泵系统、制动器的液压缸和刹车带是否正常； 2. 检查闭式齿轮箱的油位是否合适
8	调载设备	1. 检查系统是否泄漏、控制箱指示灯是否正常以及调试过程中是否有异常报警； 2. 启动压载泵进行试验，检查真空自吸装置是否正常

6.4 恢复与重建

海上生产设施在台风影响后的恢复与重建主要是指正常生产的恢复、受损设施的修复以及严重损坏设备的重建，包括灾害抢维修、恢复正常油气生产作业、设施修复与重建、风损评估与统计、保险理赔和防台预案完善。

6.4.1 灾害抢维修

海上生产设施如遭遇的台风强度较高，复台后需要对损坏的设备设施进行抢维修，优先修复对油气生产作业造成影响的设备设施，如受损的电缆（图6.9）等，以尽快恢复正常油气生产作业。

图6.9　电缆受台风影响损坏

6.4.2 恢复正常油气生产作业

对于正在进行台风模式生产的固定平台或者FPSO，需切换到正常油气生产作业状态。对于直接关停类的固定平台或者FPSO，如台风对设备设施的影响较小，则直接按照程序恢复正常油气生产作业；如台风对影响恢复生产作业的设备设施造成损坏的，则需经过抢维修后再按照程序恢复正常油气生产作业。

对于钻井平台，如在受台风影响前已完成全流程作业，则需到达新的位置进行钻井作业；如受台风的影响临时停钻，则需返回原位置进行钻井作业。如果属于锚地避台的情况，检查设施完好后，通过自航或拖航等方式驶回原井位或新井位；如果属于人员撤离、锚泊防台的情况，则需利用直升机或船舶将作业人员送回钻井平台，检查钻井平台完好后，恢复钻井作业。

对于各类功能性船舶，经安全检查确认无隐患后，到达指定位置恢复正常作业。

6.4.2.1 直接关停类固定平台

直接关停类固定平台经检查无异常后即可重启正常的油气生产作业。以“惠州

19-3”平台为例，各人员工作程序见表6.32。

表6.32　“惠州19-3”平台人员恢复正常油气生产作业工作程序

序号	负责人	工作程序
1	生产主操	1. 检查并恢复生产流程，复位井口控制盘； 2. 打开生产分离器气体出口的旁通阀； 3. 启动外输泵、生产水处理系统和化学药剂注入系统； 4. 适时点燃火炬，待生产稳定后，及时把所有的旁通信号打到正常
2	仪表主操	1. 处理恢复生产过程中的仪表和设备故障

6.4.2.2　台风模式生产类固定平台

台风模式生产类固定平台经检查无异常即可切换至正常生产模式。以“残雪”平台为例，各部门工作程序见表6.33。

表6.33　“残雪”平台恢复正常油气生产作业工作程序

序号	部门	工作程序
1	工艺	1. 联系终端操作人员准备切回正常生产模式； 2. 联系上下游平台，做好海管数据监测； 3. 检查生产工艺流程是否平稳，准备恢复停运的工艺设备； 4. 恢复单井计量流程，生产恢复正常后，通知终端
2	仪表与终端	1. 配合工艺部门将台风生产模式切回正常生产模式

6.4.2.3　直接关停类FPSO

直接关停类FPSO经检查无异常即可重启正常的油气生产作业。以“海洋石油111”FPSO为例，各人员工作程序见表6.34。

表6.34　“海洋石油111”FPSO人员恢复正常油气生产作业工作程序

序号	负责人	工作程序
1	生产主操	1. 确认主要生产设备正常后，启动生产流程，运行一段时间后再次检查； 2. 加密巡检，确认现场无“跑冒滴漏”现象； 3. 检查控制器的各项参数是否正常
2	机械主操	1. 回接外输软管
3	仪表主操	1. 恢复中控火气监控系统和工艺处理系统
4	水手长	1. 协助机械部门完成外输软管回接工作
5	外输	1. 启动机泵舱的设备，恢复大舱压力至正常状态

6.4.2.4 台风模式生产类FPSO

台风模式生产类FPSO经检查无异常即可切换至正常生产模式。以“海洋石油116”FPSO为例，各人员工作程序见表6.35。

表6.35 “海洋石油116”FPSO人员恢复正常油气生产作业工作程序

序号	负责人	工作程序
1	生产主操	1. 导通燃料气系统，启动热介质系统，打开生产水处理系统； 2. 生产井的原油到达时，导通原油处理系统的隔离球阀，启动化学药剂系统； 3. 待生产流程稳定后，将台风生产模式切换至正常生产模式
2	维修监督	1. 启动井口潜油泵，恢复正常生产后，再次检查所有设备，确保各系统正常运行
3	电气主操	1. 加强巡检，检查生产流程是否有泄漏，如有异常及时向中控反馈
4	中控主操	1. 如有需要，启动惰气系统给各货油舱、生产水舱及污油舱补充惰气； 2. 检查生产控制系统是否正常
5	机械主操	1. 测量燃料气系统含氧量为零后，点燃火炬
6	货油主操	1. 投用压配载系统
7	各井口平台长	1. 启动前检查潜油泵的相间电阻和对地绝缘电阻是否正常

6.4.3 设施修复与重建

经灾害抢维修之后，其他的不直接对海上油气生产作业恢复造成影响的受损设备设施，也应及时进行修复，并按照修复方式可以分为精准型修复、改善型修复和设计型修复。

1）精准型修复

精准型修复是指通过灾害评估，找到设备设施损伤的精确部位，进行有针对性的修复。常见的受损情况包括栏杆脱落、灯具脱落、各种箱体门脱落、安全标识脱落、管线支撑断裂（图6.10）等，这些局部损坏可以通过重新焊接、安装、换新的方式进行处理。

2）改善型修复

改善型修复是指由于设备设施在设计、安装或者施工等阶段的缺陷，造成极易受到台风的影响而损坏，需对此类设备设施进行改进。

（1）楼梯变形修复：在设计之初，平台底层甲板通往中层甲板的楼梯下面有背板，但是在台风期间，背板的存在无疑增加了受风面及波浪冲击的面积，因此在修复时去掉了背板。

（2）航煤罐脱落修复：在航煤罐基座、释放架侧面及底部筋板上分别加工4个吊点，使用钢丝绳或收紧螺栓进行紧固。

（3）艉输软管系统防护：为应对超强台风对艉输系统软管造成严重损坏，通过钢丝绳连接艉输滚筒与系耳的方法进行加固，如图6.11所示。

图6.10　管线支撑受台风影响断裂

图6.11　艉输软管系统防护

3）设计型修复

设计型修复是指针对某些易损设备设施进行本质安全设计，提高其防台能力。

（1）加装卫星天线罩：为了提高台风期间的通信稳定性，通过加装卫星天线罩的方式大大加强了避台期间通信的可靠性，为台风模式生产奠定了坚实的基础，如图6.12所示。

图6.12　加装卫星天线罩

（2）修改通信系统参数：为了进一步保障台风期间正常的卫星通信，对通信系统的参数进行了临时性修改，主要包括在台风期间临时增加卫星带宽、修改中控参数、更改编码方式等措施。

（3）优化底甲板走线布局：由于固定平台的原始设计为从底甲板下面走线，在超强台风作用下，如底层甲板距离海面高度不够，波浪对底甲板下面的线缆造成很大冲击。一旦线缆损坏，与之连接的设备无法工作，因此在后期的改造中，把底甲板下面的走线布局改为上面走线，进一步提高了布线的本质安全。

需要指出的是，如果台风对海上石油设施的影响强度超过了设计标准，那么对海上石油设施结构是否造成了影响？影响有多大？这些都需尽快聘请专业机构对该设施的整体安全状况进行评估，然后再确定修复方案。

6.4.4　风损评估与统计

风损包括因台风造成的产量损失、工期损失、台风期间由于撤复台需要的额外的资本支出、台风对海上石油设施破坏后需要的更换以及维修资金等。

1）产量损失

产量损失是指海上生产设施由于受台风影响从实际关停到重新恢复正常油气生产作业这段时间内造成的停产损失。据统计，1999—2008年海上油气田因受台风影响的产量损失大约为$332.01 \times 10^4 m^3$，其中有限天津分公司为$0.24 \times 10^4 m^3$，有限上海分公司为$6.47 \times 10^4 m^3$，有限深圳分公司为$293.48 \times 10^4 m^3$，有限湛江/海南分公司为$31.82 \times 10^4 m^3$。

2）工期损失

工期损失是指由于台风影响导致无法按照预定计划完成作业而造成的工期被迫延长，尤其是钻完井作业，撤离和恢复作业的准备时间较长。据统计，2011—2020年，海上油气田因受台风影响在勘探、开发生产作业方面的工期损失累计达846天。

3）撤复台支出

撤台支出主要包括使用直升机将海上作业人员从海上石油设施撤离到直升机场、撤离人员陆上交通和酒店住宿等费用；复台支出主要包括复台人员陆上交通、使用直升机从直升机场派送复台人员到海上石油设施等费用。据有限上海分公司统计，2014—2018年在撤复台过程中仅食宿和直升机租赁两项，费用支出就高达人民币5 000万元。

4）更换或维修支出

更换或维修支出主要是指被台风破坏的设备设施，因恢复正常生产而需要维修或者更换设备设施的资本支出。如2014年台风"威马逊"和"海鸥"正面袭击涠洲和文昌作业区域，导致海上生产设施的设备受损严重，损失约4 575万元。

6.4.5 保险理赔

因台风造成海上石油设施的损失超过免赔额的，由资金保险组向保险公司递交出险通知书，开展理赔工作。

6.4.6 防台预案完善

每一次的台风应对都是对队伍的锻炼，对应急体系的磨合，对应急程序的检验。中国海油抓住每一次台风应对的机会，进行应急大备战、应急大练兵。多年来，中国海油一直坚持"勤于总结，持续提高"的方针，每一次防台任务的完成、每一年防台工作的完成都会对过往的防台工作进行总结和反思，对于做得好的方面进行坚持和推广，不足的方面则进行改进和提高。所有的这些坚持和推广、改进和提高，最后都会体现、落实到防台预案的修订上来，从而进入台风防范与应对阶段的防台预案修订程序中，开启下一个防台实践的新循环。

"纸上得来终觉浅，绝知此事要躬行"，正是因为有了千百次的防台实践，通过编制预案—实施预案—反思预案—优化预案的循环，使得海上油气田的防台预案逐步完善，防台程序日趋标准，防台决策更加科学。

第7章

海上油气田防台辅助支持系统

海上油气田防台必须坚持预防为主的方针，加强监测预警和风险防范能力建设，为撤台工作争取更多的时间。

目前，台风预报预警业务化服务主要针对社会化大众需求，无法满足海上油气田防台对时效性、高精度以及专业风险分析等需求。基于此，同时为响应集团公司加快海洋气象灾害应急数字化和信息化建设的要求，我们研发了“海上油气田防台辅助支持系统”（简称“防台辅助支持系统”），实现了台风胚胎预报和多维度、高精度、实时、动态的风险分析和预警，以期为海上油气田防台提供科学有效、快速准确的决策支持。

7.1　系统概述

海上油气田防台辅助支持系统主要功能模块包括台风预报、台风预警、撤台辅助、台风查询、资料管理和地理信息图层，如图7.1所示。

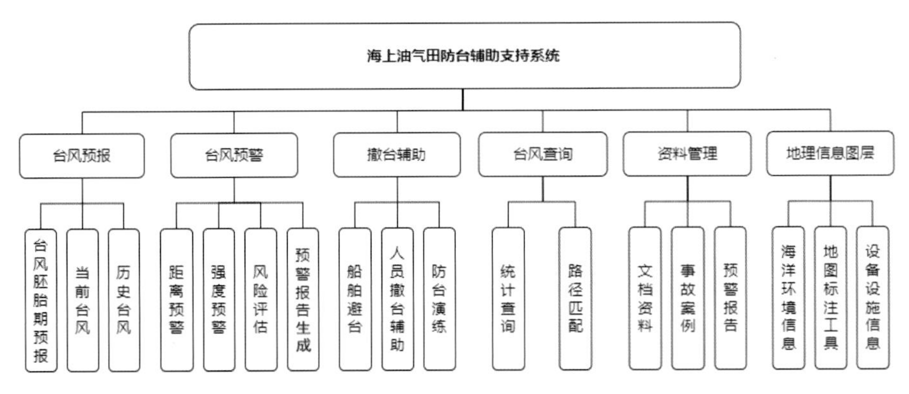

图7.1　海上油气田防台辅助支持系统功能设置

1）台风预报

台风预报模块包括台风胚胎期预报和当前台风、历史台风显示和分析功能。台风胚胎期预报通过数值模型的计算，提前3 ~ 5天对台风胚胎的形成和移动趋势等进行预报。当前台风显示不同预报源对当前正式命名的台风的预报信息。历史台风可按预报源和发生年份等查询条件，可视化查看历史台风路径等信息。

2）台风预警

台风预警模块包括距离预警、强度预警、风险评估以及预警报告生成。距离预警统计所选台风与目标作业区或海上石油设施的距离，直观地查看台风移动过程中与目标作业区或海上石油设施的最近距离及所对应的时间点。强度预警提供未来7天的网格强度热力图，可按时间轴进行控制显示。风险评估使用“一张图”模式对台风的变化趋势、距离、强度和关注区域的风险等级等进行综合展示。预警报告生成是指将所选台风、作业区、海上油气田、船舶及其分析结果进行存储，并于后台生成预警报告，供用户查看与下载。

3）撤台辅助

撤台辅助模块包括船舶避台、人员撤台辅助和防台演练。船舶避台结合船舶类型与风浪流数据开展海域风险综合评估，动态评估船舶航行过程中各个时刻点的风险等级，并对现有航行任务开展优化仿真计算，提供避险航线规划。人员撤台辅助是指台风可能影响海上生产设施时，系统结合台风轨迹预测、海上石油设施位置、各地应急资源数量等对人员的安全撤离进行规划，并可通过人机交互模式进行干预和调整。防台演练基于三维虚拟技术，集成台风、水文气象、海上作业人员、方案评估模型、撤复台案例等多源异构数据，实现防台过程仿真与模拟演练。

4）台风查询

该模块中统计查询是通过时间、区域和强度等多维度信息，查询满足条件的台风，分析其月度分布、强度分布和数量变化等；此外通过路径匹配，可以搜索与所选台风路径最相似的台风信息。

5）资料管理

资料管理模块包括文档资料管理、事故案例管理和预警报告管理。文档资料管理实现对相关法律法规、应急预案、标准手册和防台会议等资料进行电子化存储和查询。事故案例管理实现对收集到的案例数据进行归档，可结合空间位置进行查询与查看。预警报告管理实现对历史台风预警报告进行存储、查询和下载。

6）地理信息图层

该模块包括海洋环境信息、地图标注工具和设备设施的地理信息。

7.2 系统架构

海上油气田防台辅助支持系统采用面向服务的系统架构（图7.2），以服务为中心进行设计和开发。系统将平台中心转移到服务端，在服务端完成各种逻辑操作和计算，使得每个服务可以被单独地开发和集成。服务采用统一的标准，不受跨平台的影响，可以实现与其他业务系统的对接、服务的共享和系统的集成。主要特点如下。

（1）与平台无关，减少了业务应用及业务子系统整合的限制；

（2）具有低耦合的特点，各个业务子系统对整个业务系统的影响较低；

（3）具有可按模块分阶段迭代实施的特点，将造成的业务影响降到最小。

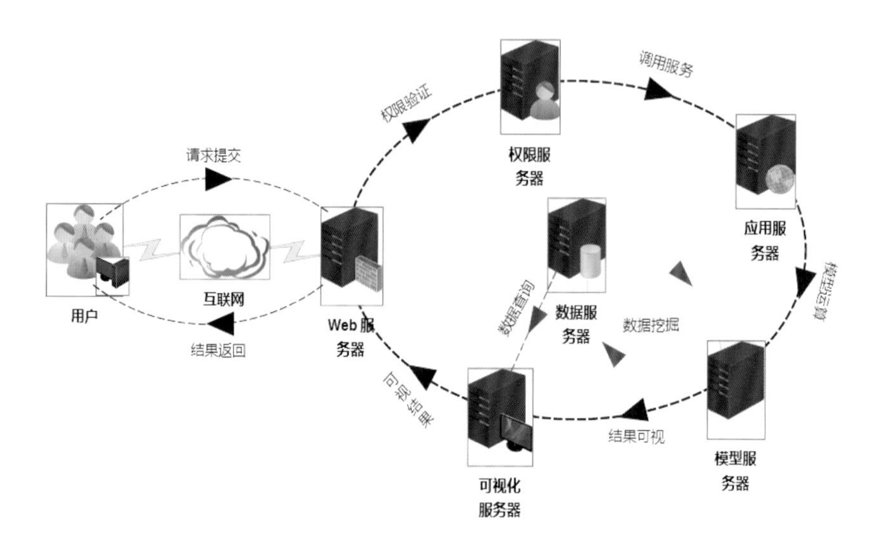

图7.2　海上油气田防台辅助支持系统服务器结构划分与信息流示意

7.2.1　微服务架构

系统采用可扩展的微服务架构（图7.3），业务应用由多个微服务组成，各个微服务可被独立部署。每个微服务仅关注于一件任务并很好地完成该任务，使得各服务能够独立或组合运行。微服务架构可以通过扩展组件来解决功能瓶颈的问题，相比传统的应用程序能更有效地利用计算资源。

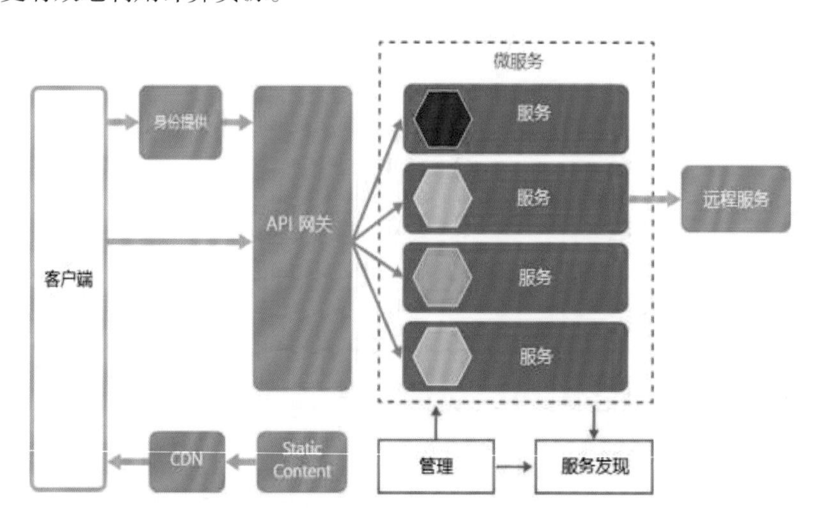

图7.3　微服务架构原理示意

在微服务架构体系中，各个服务模型可以由不同单位、不同技术选型开发，然后再通过接口封装后无差别调用，这样每个服务模型相对独立形成微小服务，可以做到多单位协同开展，满足海上油气田防台辅助支持系统中模型服务的特点。

7.2.2　前后端分离模式

海上油气田防台辅助支持系统采用B/S前后端分离模式进行设计和开发（图7.4），分为服务端和浏览器端，系统运行可兼容互联网和业务单位的内网环境。前后端分离是一种网络应用架构模式，在开发阶段，前后端工程师只需约定好数据交互接口，就可以实现并行开发；在运行阶段，可以分离部署网络应用，前后端之间使用HTTP或者其他协议进行交互请求和数据传输。

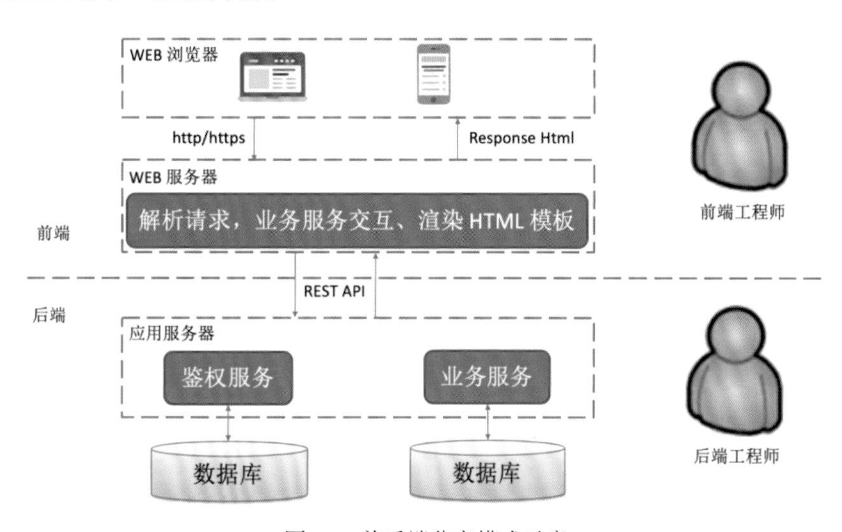

图7.4　前后端分离模式示意

前后端分离模式中，服务器在接收到请求后，经过转换，发送给各个相关后端服务器，将各个后端服务器返回的处理过的业务数据填入HTML模板，最后发送给浏览器。Web服务器和后端服务器之间可以选用任何合适的通信手段，因此前端人员和后端人员约定好接口后，前端人员只需要把界面做好，后端人员则注重业务的逻辑处理。

服务器端采用基于SpringCloud微服务架构，将服务端部分拆分成多个模块分布于不同服务器端进行协同工作，服务器端业务模块实现了统一的认证网关与注册中心、监控系统、系统入口验证、结构化数据存储与传输、服务器端模型运算、浏览器端接口、业务应用及业务子系统整合，保证了系统全链路数据的安全性和传输效率。

浏览器端基于Vue架构实现地图基础功能、台风预报、台风预警、撤台辅助、台风查询和资料管理等功能。

7.2.3　地图服务

系统图层按照S52电子海图显示标准对深度、岸线（包含岛礁岸线）、等深线、水深点、航道、锚地等要素进行控制，支持以电子海图为底图叠加原始数据结合图、加工产品结合图、专题产品结合图等图层信息，支持用户开启和关闭图层，支持对底图的任意放大、缩小和漫游等基本操作。

7.3　系统核心功能简介

海上油气田防台辅助支持系统的核心功能包括台风胚胎期预报、台风风险动态评估、人员撤台辅助支持、船舶风险评估与航线规划、台风路径相似性匹配。

7.3.1　台风胚胎期预报

台风胚胎期预报数值模型可以在台风处于孕育阶段即胚胎期阶段就对其形成位置、移动趋势、强度等进行提前预测（图7.5）。起报条件及相关预报参数如下。

（1）起报条件：台风胚胎期（热带扰动）阶段开始监测和预报；

（2）预报范围：西北太平洋和南海（0.8°—54.8°N，70.0°—160.0°E）；

（3）预报内容：路径、风圈、风场网格强度；

（4）预报时效：起报时间后，未来7天台风情况；

（5）预报频次：每天2次（08:00、20:00 UTC）；

（6）空间分辨率：9 km × 9 km网格；

（7）时间分辨率：3 h间隔步长；

（8）预报报文：路径风圈（.ins）、台风网格强度（.grib2）。

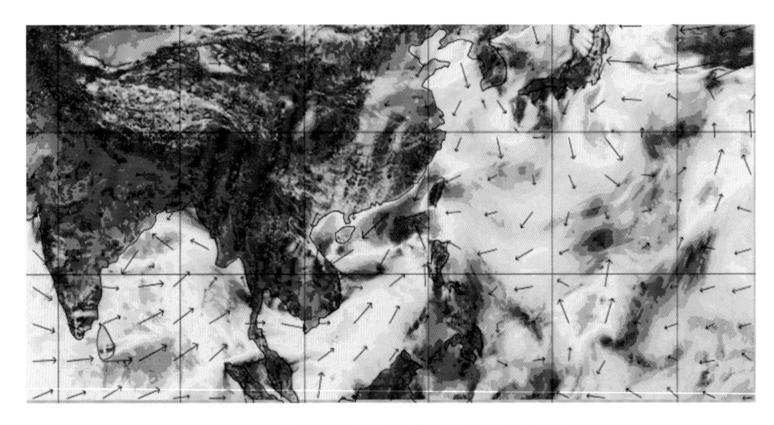

图7.5　台风胚胎期预报模型结果分析

尤其是针对南海土台风距离海上油气田较近和形成发展快等特点，在原有预报数值模型的基础上进行改进，增强了胚胎期预测模型的预测能力和计算精度。①引入和改进三维参考大气，增加了模型的稳定性以及计算精度；②改进模型初值位温扰动，提高了模型的预报稳定性；③完善非线性方程求解方法，提高了模型的运行速度和精度；④改进物理过程模块（如边界层参数化方案、近地层湍流计算方案等），提高了模型对台风生成的预报能力。

上述改进极大地增强了数值模型在南海土台风胚胎形成期的预测准确度，延长了海上油气田撤台时间，最大限度减少因突发土台风而造成的经济损失和人员安全威胁。

7.3.2　台风风险动态评估

1）距离计算

海上油气田防台是一个多阶段的过程，一般根据台风8级风圈前沿与海上石油设施警戒区的距离关系（图7.6），将防台响应分为准备阶段、启动阶段、撤台阶段、跟踪阶段、复产阶段和总结阶段等。

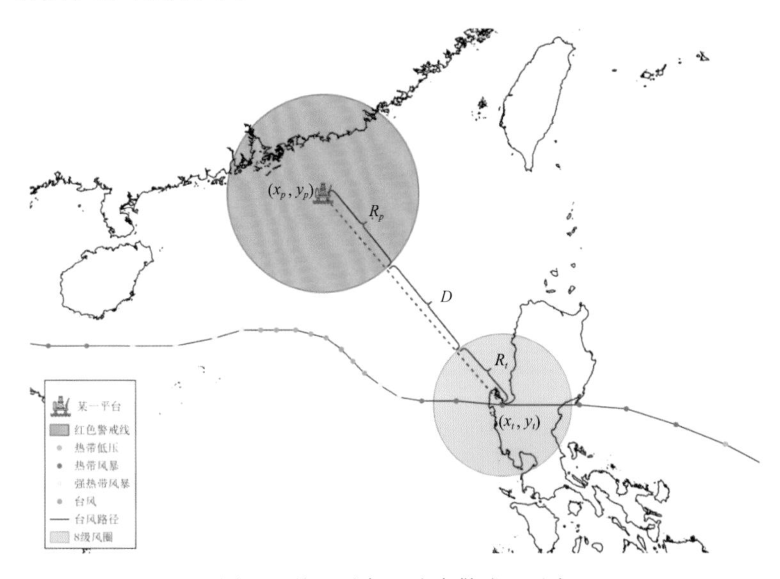

图7.6　海上油气田防台警戒区示意

划分防台响应阶段的距离计算公式如下：

$$D = \sqrt{(x_p - x_t)^2 + (y_p - y_t)^2 - R_p - R_t}$$

式中，（x_p, y_p）为海上石油设施中心坐标，（x_t, y_t）为台风中心坐标，且这两个坐标需要做投影变换，转为地理信息坐标，m；R_p为海上石油设施的不同警戒区的圆半径，m；R_t为台风8级风圈的半径，m。

通过计算台风移动过程中不同时刻点的8级风圈与海上石油设施警戒区的距离，可得距离变化趋势图，作为防台响应阶段划分的依据。

2）网格强度

基于胚胎期预报模型的风力网格强度，不同海上石油设施的地理位置对应不同的地理网格，通过提取具体网格内的风力强度变化数据，即可对海上石油设施开展精细化的风险分析应用，如图7.7所示。

在相同台风网格强度数据集下，此位置坐标不变，对时间序列台风网格强度依次取值，风力强度和方向计算公式如下：

$$\mathrm{spd} = \sqrt{(u^2 + v^2)}$$

$$\mathrm{dir} = \mathrm{mod}\,(180.0 + \arctan2(u, v) / \pi \times 180.0, 360.0)$$

式中，arctan2返回的是弧度，实际需要转化为角度（°）；mod为取余函数；u, v分别表示横轴和纵轴风速，m/s。

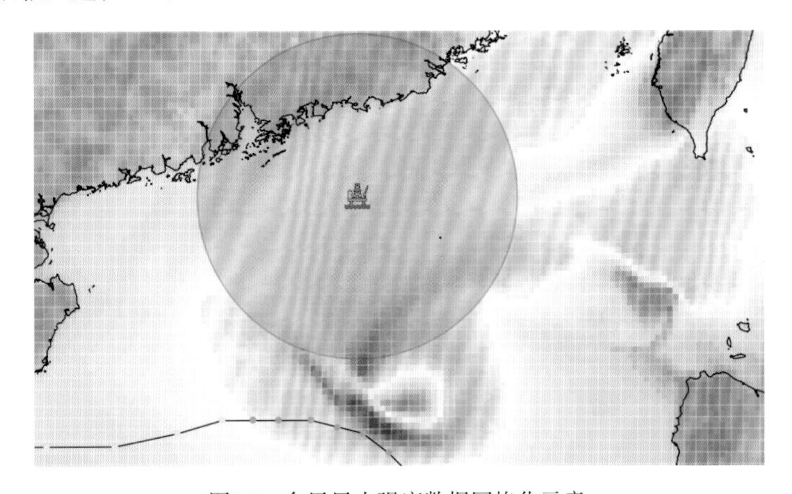

图7.7　台风风力强度数据网格化示意

3）综合风险评估

建立基于风、浪、流等的综合评价指标体系，根据“最低合理可行”原则将海上石油设施的台风影响风险等级划分为高风险、中风险和低风险3个等级，结合“层次分析-模糊综合评价法”开展多层次定量化风险综合评估，如图7.8所示。

因素集$\boldsymbol{U}$中第i个元素对评价集$\boldsymbol{V}$中第j个元素的隶属度为r_{ij}，则m个单因素评价集为行组成矩阵$m \times n$称为模糊综合评价矩阵。

$$\boldsymbol{R} = \begin{matrix} \\ >8\text{级风} \\ 6\sim8\text{级风} \\ <6\text{级风} \end{matrix} \begin{matrix} \text{高} & \text{中} & \text{低} \\ \begin{bmatrix} \boldsymbol{r}_{11} & \boldsymbol{r}_{12} & \boldsymbol{r}_{13} \\ \boldsymbol{r}_{21} & \boldsymbol{r}_{22} & \boldsymbol{r}_{23} \\ \boldsymbol{r}_{31} & \boldsymbol{r}_{32} & \boldsymbol{r}_{33} \end{bmatrix} \end{matrix}$$

根据各因素的重要程度有所不同，权重系数可以通过层次分析法的成对比较进行构造：

$$\boldsymbol{A}=(a_1, a_2, \cdots, a_m)$$

确定单因素评判矩阵$\boldsymbol{R}$和因素权向量$\boldsymbol{A}$之后，则可计算模糊向量$\boldsymbol{B}$：

$$\boldsymbol{B}=\max\left(\boldsymbol{A}\times\boldsymbol{R}_{m\times n}\right)=\max\left(b_1, b_2, \cdots, b_n\right)$$

确定单因素评判矩阵和因素权向量之后，根据海上石油设施台风风险等级模糊综合评价模型，对每个海上石油设施所处的网格开展综合评价，计算其风险动态等级。

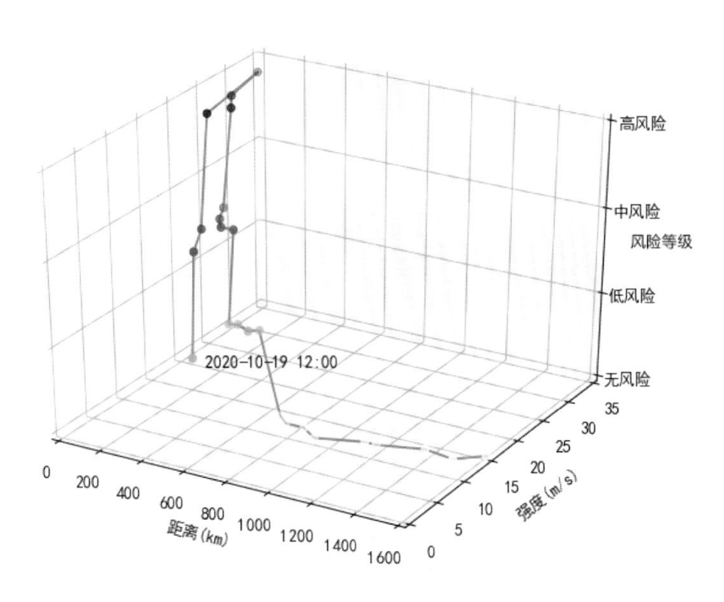

图7.8　台风风险等级动态评价示意

7.3.3　人员撤台辅助支持

针对台风期海上作业人员撤离需求，综合分析灾害过程致灾因素与影响风险程度，计算人员安全撤离的窗口期；根据各海上石油设施的风险程度进行撤离顺序优化，按照“效率最大化”原则开展应急资源配置；结合可视化技术进行动态调整，为实现海上作业人员安全撤台和资源最优化利用提供支持。具体技术路线见图7.9。

（1）撤台窗口期评估：开展海上石油设施风险等级动态评价，同时综合考虑海雾、雷暴、降雨等影响直升机作业的环境因素，计算安全撤台窗口期。

（2）撤台顺序优化：综合考虑海上石油设施最大风险程度、人员数量、撤台窗口期等多因素，评价各海上石油设施的风险程度，优化撤台顺序。

（3）直升机运载能力评估：根据直升机与各海上石油设施的距离，依据“原子性”和“就近”原则，计算撤离的时间，确保单次撤离往返时间充裕。

（4）应急资源配置：基于撤台窗口期评估、撤台顺序优化和直升机运载能力评估等，合理配置应急资源。

（5）可视化调整：建立可视化交互界面，实现系统数据关联，允许专家动态调整资源配置。

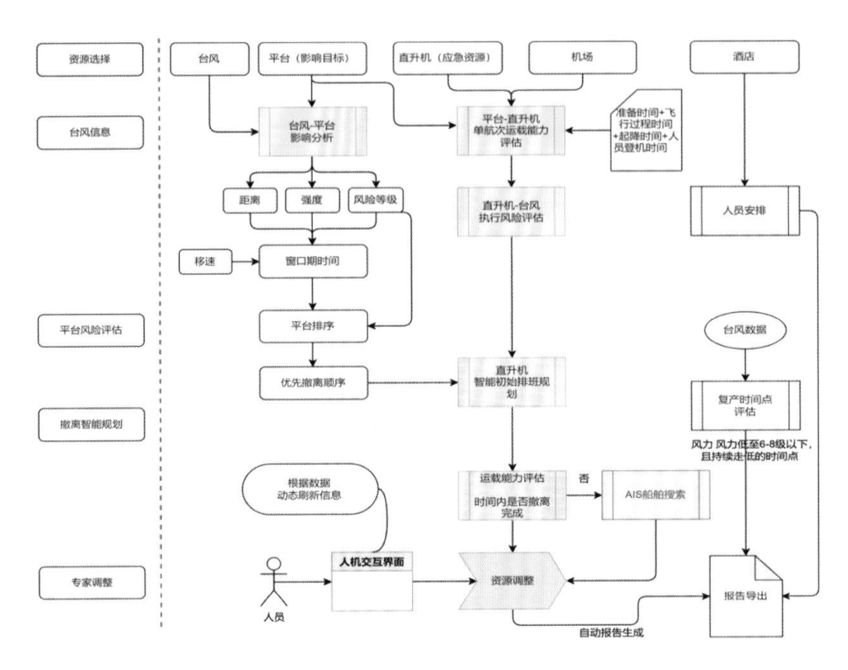

图7.9 撤台辅助决策支持技术路线图

7.3.4 船舶风险评估与航线规划

海上船舶风险评估考虑的主要海洋环境要素有风场、流场和海浪等。根据“最低合理可行”原则，由不可容忍线和可忽略线将海上船舶在风浪条件下的风险划分为风险不可接受区、风险可容忍区和风险可接受区，分别对应高、中、低不同的风险等级，如表7.1所示。

表7.1 基于“最低合理可行”原则的海上船舶风险等级划分

风险等级	低风险	中风险	高风险
预警色	绿色	黄色	红色
最低合理可行原则区	可接受区	可容忍区	不可接受区
风险定义	此状态下可航行，但需保持注意	存在威胁，尽量避免，可短暂航行	严重风险，要求避免航行

台风期海上船舶风险评价属于模糊集合概念，对于不同的船舶类型，应根据其船舶尺寸、吨位、载重、船龄、航速、货物类型等影响参数，建立模糊综合评价体系和模型。

根据建立的海上船舶环境风险等级模糊综合评价模型，对每个网格内的风、浪、流进行综合评价，计算其风险等级，即可得到整个关注区域的整体风险区划。根据风险区划评估结果，各个网格赋予不同的权重系数，作为不同路径经过当前网格的代价系数。海上船舶避台航行中由于台风预报的不确定性，需要与台风保持一定的安全距离，称为安全“瞭望”距离。基于海上风险程度区划和不同网格的代价系数，结合“瞭望”距离反向考虑，引入动态路径规划算法，开展动态多阶段路径规划，计算不同的避台优化路径（图7.10），辅助船舶选择减速、改向、抛锚等不同的避台方式。

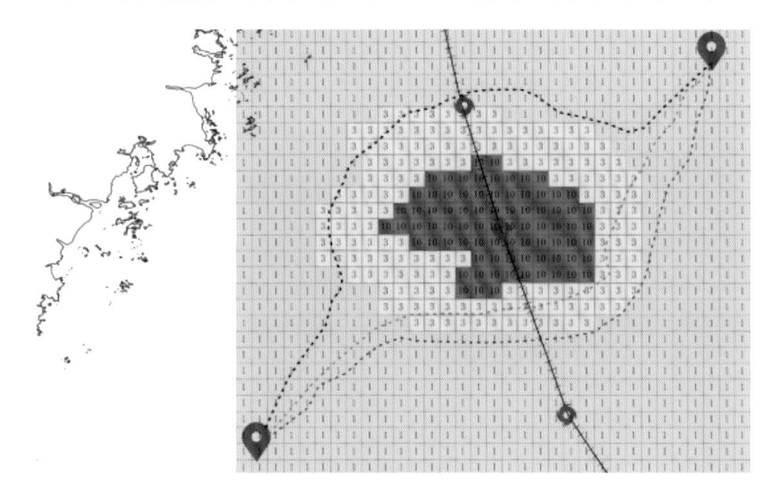

图7.10　台风期船舶航行避台路径规划示意

7.3.5　台风路径相似性匹配

台风路径相似性匹配以地理（路径）相似为基础，同时以台风生成源地、生成时间、移动方向和移动速度等相似条件进行匹配，各指标相似度越高，台风路径越类似。该技术主要借鉴历史台风发展趋势，作为数值预报的辅助补充。具体技术路线见图7.11。

（1）台风生成源地匹配：以待匹配台风的生成源地为圆心，搜索一定半径范围内生成源地落入该区域的历史台风。

（2）台风时间匹配：以待匹配台风的生成时间为基准，根据台风的季节性特点，对历史台风开展时间匹配分析。

（3）台风路径趋势匹配：将待匹配台风和历史台风的路径缓冲区做相交裁剪，可得相交区域面积和相交区域中心骨架线的线条长度，根据面积指标和线长指标计算其相似度。

（4）台风路径线密度：根据划定的地理网格，获取匹配台风路径与地理网格的相交曲线，同时将相似度作为权重，计算相似历史台风路径的线密度概率分布。

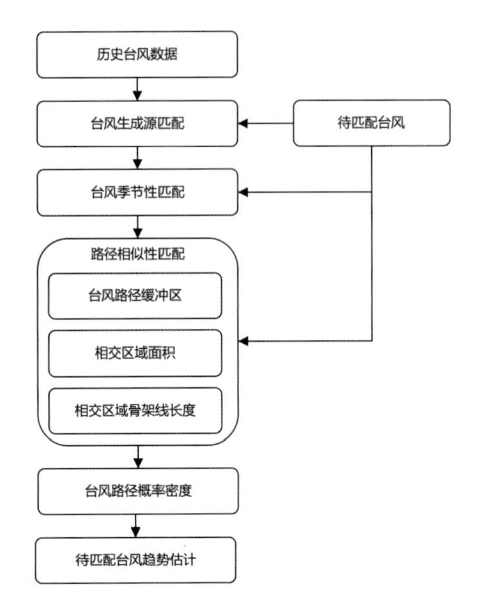

图7.11　台风路径相似性匹配技术路线

7.4　系统功能及使用说明

7.4.1　系统界面

海上油气田防台辅助支持系统界面（图7.12）主要包括地图、主菜单、左侧子菜单、地理信息图层、时间轴、图例及位置信息、个人信息和提示信息。

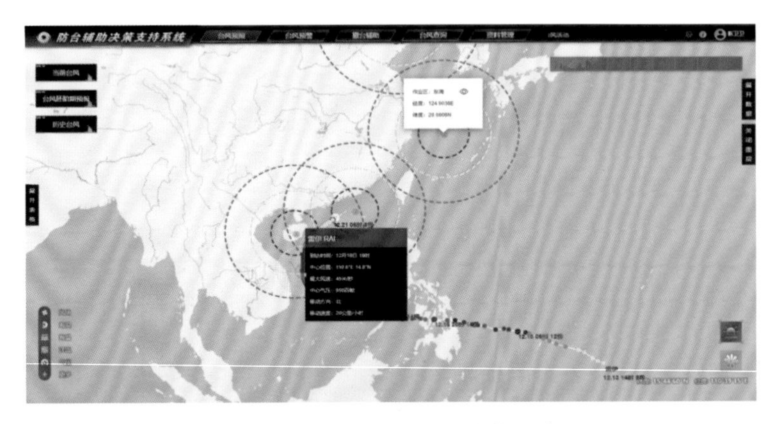

图7.12　海上油气田防台辅助支持系统界面

地图为系统最重要的组成部分，可以展示相关要素及其信息。主菜单包括“台风预报”“台风预警”“撤台辅助”“台风查询”和“资料管理”，点击后进入相应的功能页。左侧子菜单为当前主菜单模块内所对应的子功能。地理信息图层主要对要素数据进行管理、控制与可视化显示，包括风场等预报要素、管线等专题要素以及地图标注工具。时间轴通过拖动时间条或点击“开始”按钮查看不同时刻的要素数据。图例是地图上各种符号和颜色所代表内容与指标的说明，位置信息为当前鼠标位置所对应地理坐标。个人信息显示当前登录的用户名，可点击此模块进入个人中心进行密码修改、邮箱绑定和退出登录等操作，此外还支持地图换肤功能。提示信息在系统右上方滚动播放，主要提示当前的台风信息。

7.4.2　地理信息图层

地理信息图层主要包括风场、海浪、海温、洋流、气压、管线、港口、设备库、平台、船舶、经纬网和警戒区。其中风场、海浪、海温、洋流和气压采用颜色渐变的制图进行量化表达，管线、港口和设备库以聚合方式显示位置信息。

（1）风场：点击“风场”按钮，通过左下角的时间表或者拖动底部时间条可查看未来7天的风场信息，如图7.13所示。

图7.13　风场信息显示

（2）海浪：点击“海浪”按钮，通过左下角的时间表或者拖动底部时间条可查看未来7天的海浪信息，如图7.14所示。

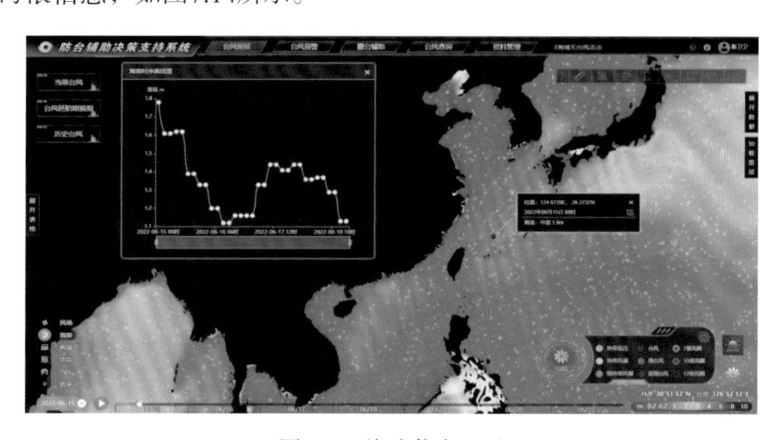

图7.14　海浪信息显示

（3）海温：点击“海温”按钮，通过左下角的时间表或者拖动底部时间条可查看未来7天的海温信息，如图7.15所示。

图7.15　海温信息显示

（4）洋流：点击“洋流”按钮，通过左下角的时间表或者拖动底部时间条可查看未来7天的洋流信息，如图7.16所示。

图7.16　洋流信息显示

（5）气压：点击“气压”按钮，通过左下角的时间表或者拖动底部时间条可查看未来7天的气压信息，如图7.17所示。

图7.17　气压信息显示

（6）管线：点击“管线”按钮，地图内的数字代表所在位置聚合管线数目（图7.18），当地图放大到一定级别时，聚合管线就会显示出来，点击管线，可查看相应管线信息。

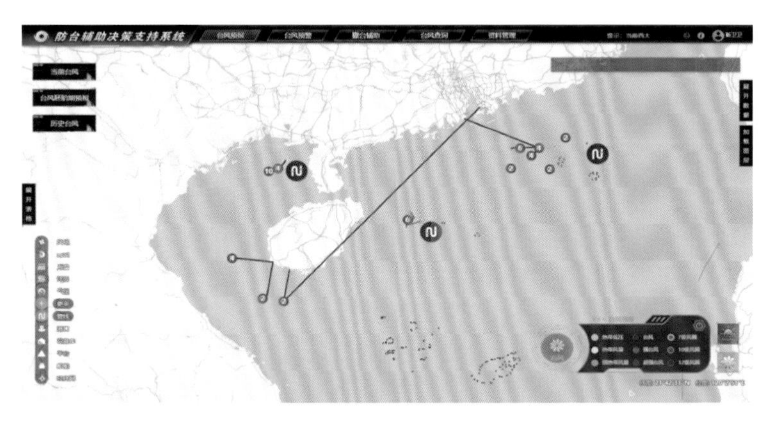

图7.18　管线信息显示

（7）港口：点击“港口”按钮，地图内的数字代表所在位置聚合港口数目（图7.19），当地图放大到一定级别时，聚合港口就会显示出来，点击港口，可查看相应港口信息。

图7.19　港口信息显示

（8）设备库：点击“设备库”按钮，地图内的数字代表所在位置聚合设备库数目（图7.20），当地图放大到一定级别时，聚合设备库就会显示出来，点击设备库，可查看相应设备库信息。

（9）平台：点击“平台”按钮，弹出“平台/油气田列表”选择对话框，通过树形结构列表和右侧复选框开启或关闭平台的地图显示，也可以通过上端的搜索框快捷查询目标平台；点击地图中的平台/油气田图标后，会弹出平台/油气田信息提示框，包含类型、名称、经纬度和警戒区开启/关闭图标，如图7.21所示。

图7.20　设备库信息显示

图7.21　平台信息显示

（10）船舶：点击“船舶”按钮，右侧会显示AIS船舶列表，可以将所有船舶选中或者通过搜索找到目标船舶；点击AIS船舶列表右上角的“关闭图标”按钮，可隐藏列表，如图7.22所示。

图7.22　船舶信息显示

（11）经纬网：点击“经纬网”按钮，可在地图中开启或关闭经纬格网，如图7.23所示。

图7.23　经纬网信息显示

（12）警戒区：点击平台/油气田信息提示框右上角“警戒区图标”按钮，可开启或关闭平台/油气田的3级警戒区图层，如图7.24所示。

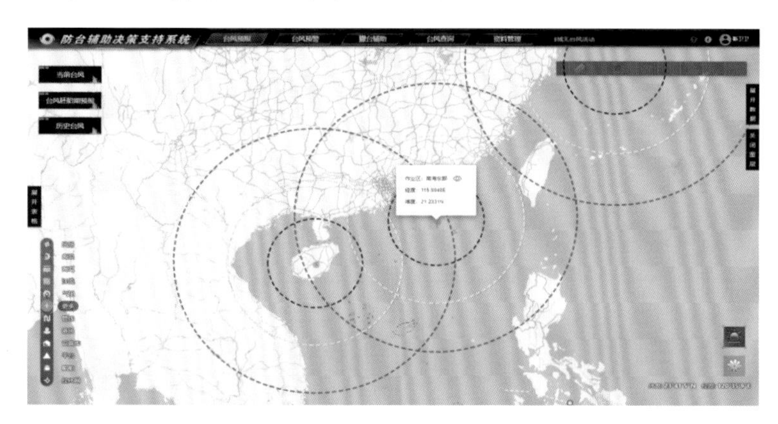

图7.24　警戒区信息显示

（13）地图标注工具：地图标注工具包括距离和面积测量、位置定位、图形、图标、线段和文字标记、截图、编辑和清除等功能，如图7.25所示。

图7.25　地图标注工具示意

7.4.3 台风预报

台风预报模块主要提供台风预报数据可视化和历史数据查询分析功能，主要包括以下三部分内容。

1）当前台风

点击“当前台风”按钮，显示当前台风的路径和风圈等预报信息（图7.26）。通常在台风正式编号和命名前提供胚胎期预报模型的预报结果，台风正式编号和命名后提供中央气象台台风网和温州台风网的预报结果，并可以通过复选框在不同台风预报源之间切换。

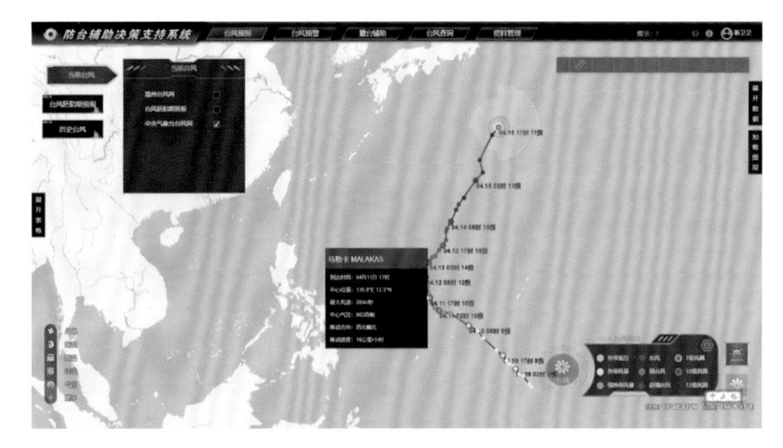

图7.26　当前台风界面

2）台风胚胎期预报

点击“台风胚胎期预报”按钮，显示所有的台风预报结果（图7.27），并且按照时间由近及远进行排列，历史台风使用其编号名称、未命名台风使用其预报时间进行标记，通过右侧复选框进行勾选并叠加地图显示。

图7.27　台风胚胎期预报界面

3）历史台风

点击“历史台风”按钮，选择“数据源”和“发生年份”，下方会出现对应的台风列表，勾选对应台风，“台风路径信息表”内会出现该台风路径信息，同时在地图上显示。点击地图内台风路径点，可显示该点详细信息和对应风圈。如图7.28所示。

图7.28　历史台风界面

7.4.4　台风预警

台风预警模块的主要功能是分析台风在发生过程中对作业区、海上石油设施造成的影响程度。

1）距离预警

用户需选择至少一条台风信息，打开所需要分析的海上石油设施图层，点击“距离预警”按钮，弹出“路径距离统计”窗口（包括作业区、平台和船舶），选择统计规则，点击“计算”按钮，系统将根据模型计算出所选海上石油设施警戒区与台风风圈在时间上的距离变化情况，如图7.29所示。

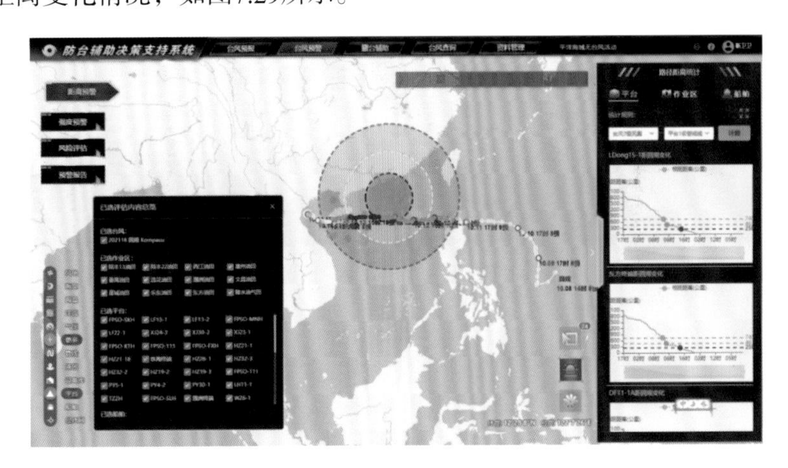

图7.29　距离预警分析界面

2）强度预警

点击“强度预警”按钮，弹出“网格强度”窗口的同时在地图上显示当天网格强度（图7.30）。点击左下方“播放图标”按钮后，图层会随着时间条的移动而变化，用户能够直观看到未来7天网格强度变化情况。

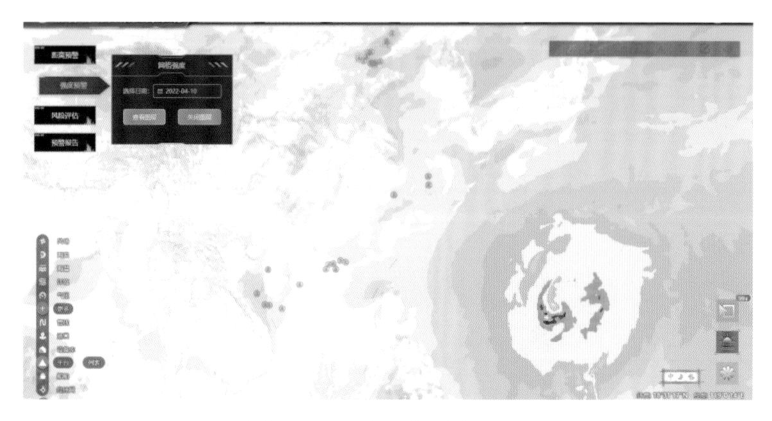

图7.30　风力网格强度界面

鼠标左键点击地图，即可弹出当前点位的风力数据信息，点击右侧的“图标”，可以得到该点位未来7天的网格强度和风力强度变化趋势图，鼠标移至图表内可查看对应时间的风力/网格强度信息，如图7.31所示。

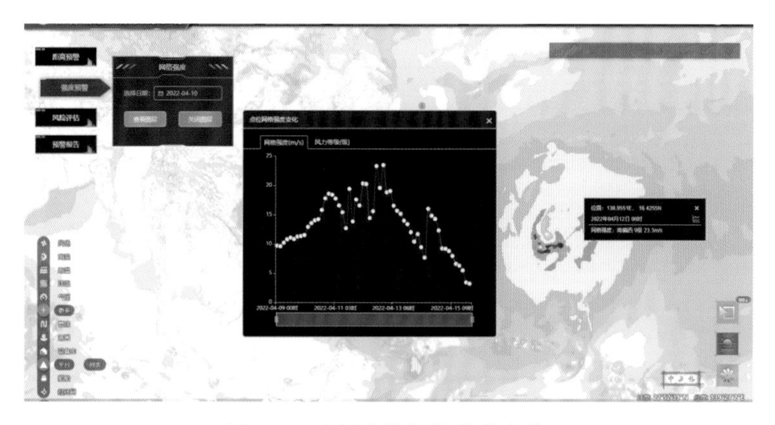

图7.31　选择点位网格强度变化

当地图放大到一定程度，整体区域还可按照格网形式显示强度信息，并标注每个格网的强度等级，如图7.32所示。

3）风险评估

选择需要评估的历史台风或当前台风，点击“风险评估”按钮，系统左侧显示“台风强度趋势图”“海区风力等级”和“海区距离变化”，右侧选择关注的平台，即可查看不同的统计信息，如图7.33所示。

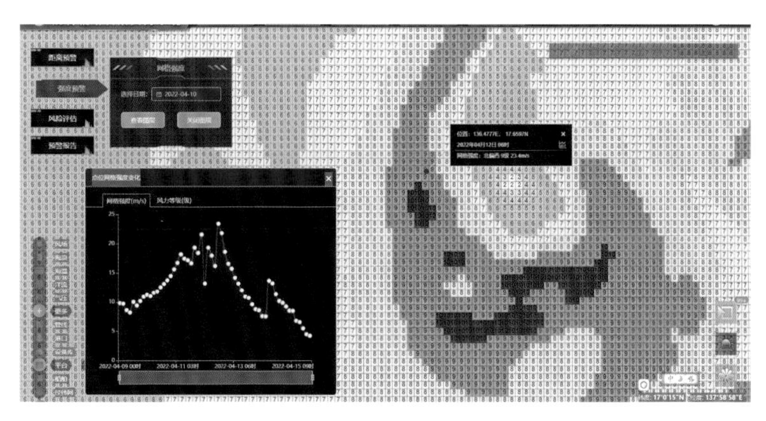

图7.32　风力网格强度等级界面

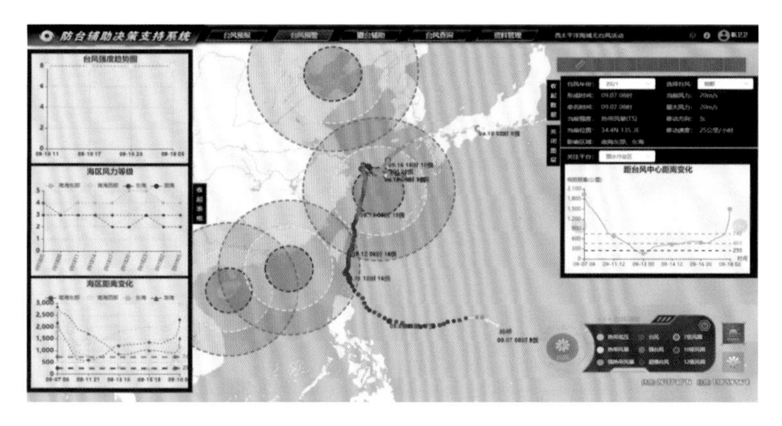

图7.33　台风综合风险评估分析界面

4）预警报告生成

点击“预警报告”按钮，弹出“预警报告信息预览”窗口，包含事件基本信息、距离统计、影响风险分析；点击“事件存储”按钮，即可将该次预警的全部数据及数据分析结果存储在后台并生成报告，如图7.34所示。

图7.34　台风预警报告

7.4.5 撤台辅助

撤台辅助模块主要应用于台风发生时船舶避台风险评估和航线规划、人员撤离规划和辅助决策以及基于自定义台风信息的防台演练。其中防台演练集合了系统中绝大部分功能，包括距离预警、强度预警、风险评估、船舶避台和人员撤台辅助等。

7.4.5.1 船舶避台

1）海区风险评估

选择船舶类型、开始与结束时间，点击“风险评估”按钮，系统会显示该时间段内的海区风险图层，并按不同颜色进行渐变渲染。风险评估完成后，通过输入经纬度坐标或鼠标选点的方式查看所选点位的风、浪、流和海区风险的变化情况，如图7.35所示。

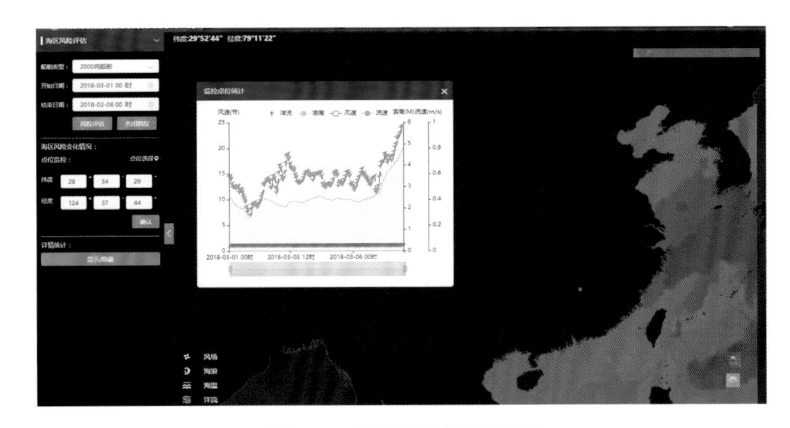

图7.35　海区风险评估界面

2）航线风险评估

选择船舶类型、预测时间、航速和航线，点击“风险评估”按钮，即可进行航线风险评估，如图7.36所示。

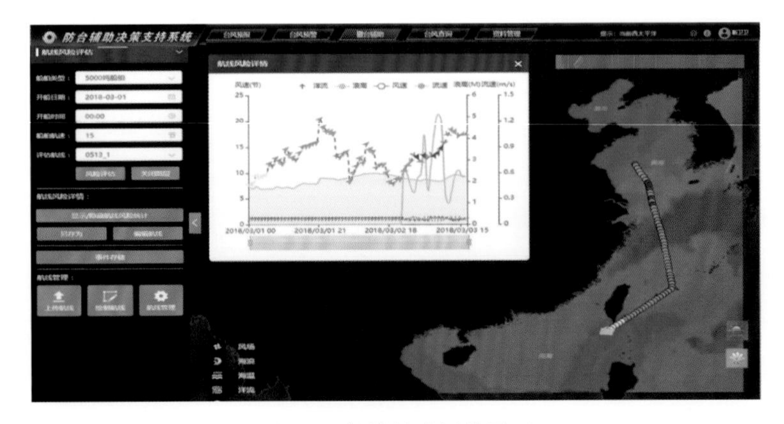

图7.36　航线风险评估界面

此外，航线风险评估还有上传航线、绘制航线和航线管理功能。上传航线是根据模板文件上传指定格式文件，系统后台解析，并将文件入库。绘制航线可在地图上直接绘制并保存航线。航线管理可对已有航线进行显示、下载、删除和分享等操作。

3）智能航线规划

选择或绘制航线完毕后，点击“智能航线规划”按钮，后台会根据海区风险和所选规划模式，计算最佳路径并在前台显示，同时保留原始航线，如图7.37所示。用户也可通过拖动鼠标进一步调整规划航线。

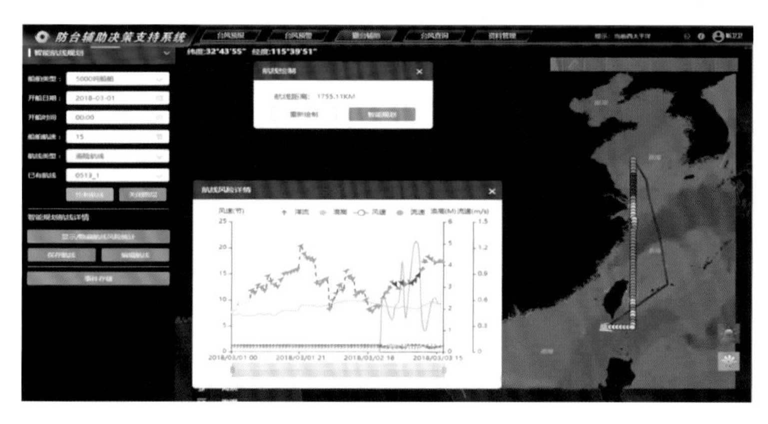

图7.37　智能航线规划界面

7.4.5.2　人员撤台辅助

点击“后台管理”按钮，进入左侧“数据信息”界面，可对系统各种基础数据包括管线、港口、设备库、作业区、平台、船舶和机场等信息进行管理，如图7.38所示。

图7.38　人员撤台辅助数据信息界面

人员撤台辅助主要根据某平台或作业区的风险出现时间计算安全撤台时间，结合撤台资源、撤台距离、撤台计算模型生成撤台方案，同时支持人机交互对撤台方案进行调整，如图7.39所示。

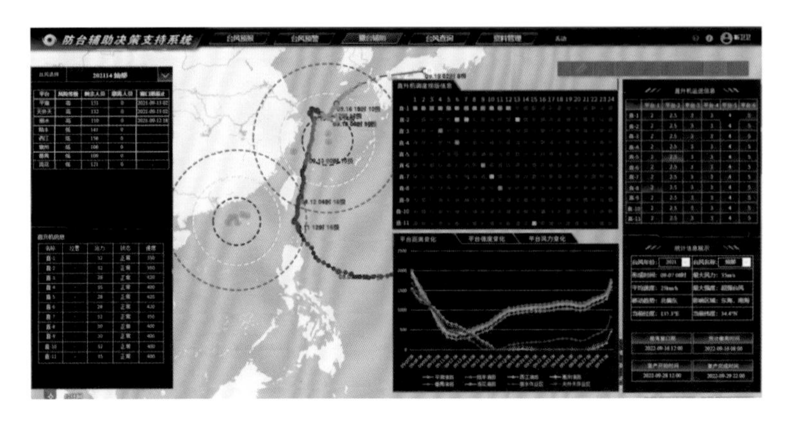

图7.39　人员撤台辅助界面

7.4.5.3　防台演练

为提高防台演练的针对性，系统实现了“自定义台风”功能。用户可根据演练目标适时调整台风的路径、强度和速度等，并通过仿真模拟及动画生成实现撤台过程的三维仿真。

1）自定义台风

点击“自定义台风”按钮，弹出列表中显示已上传的台风，勾选后可在地图上显示并进行相关分析。

（1）自定义台风上传：点击“上传”按钮，弹出“上传台风”菜单后下载模板文件，填写完成后，点击“上传台风”按钮，即可完成台风的上传。

（2）自定义台风修改：用户需在列表中选择要修改的台风（可选多条），点击“修改”按钮，系统弹出提示信息，点击“确定”后上传修改后文件，如图7.40所示。

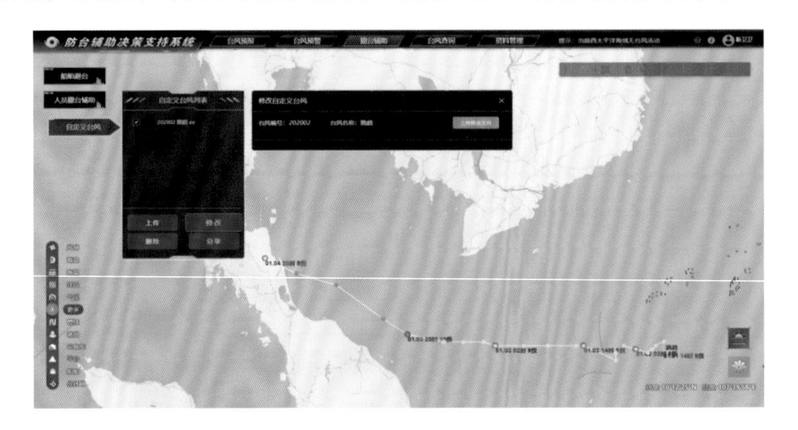

图7.40　自定义台风修改界面

（3）自定义台风删除：用户选择要删除的台风（可选多条），点击“删除”按钮，系统弹出确认信息后点击“确定”按钮，即可删除所选台风。

（4）自定义台风分享：选择需要分享的台风（可选多条），点击“分享”按钮，系统弹出“台风分享”窗口，确认无误后填写分享人手机号或邮箱，即可分享至所填用户。

2）撤台三维仿真

撤台三维仿真是基于虚拟地球和3D-GIS技术，实现台风数据可视化、海洋水文气象数据可视化、三维场景仿真、三维模型可视化、方案仿真和报告生成等功能。

（1）撤台方案仿真。

根据自定义台风信息，通过台风预警模块评估撤台安全窗口，通过人员撤台辅助模块及人机交互模式生成撤台方案，并以动画形式直观展示，如图7.41所示。同时实时更新撤台过程数据，包括直升机和船舶的坐标和航速、海洋水文气象数据、已撤离人数和剩余人数、当前耗时与预估总耗时等。

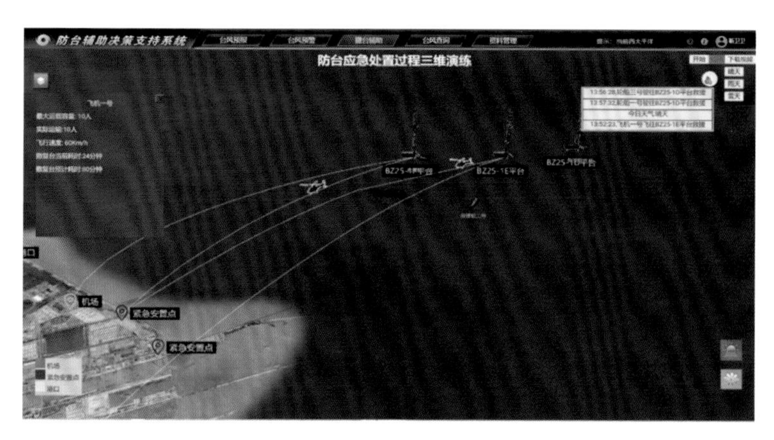

图7.41　撤台方案仿真界面

（2）动画导出。

演练结束后可将防台过程模拟（台风轨迹、资源调配、撤台过程等信息）导出为动画视频，如图7.42所示。

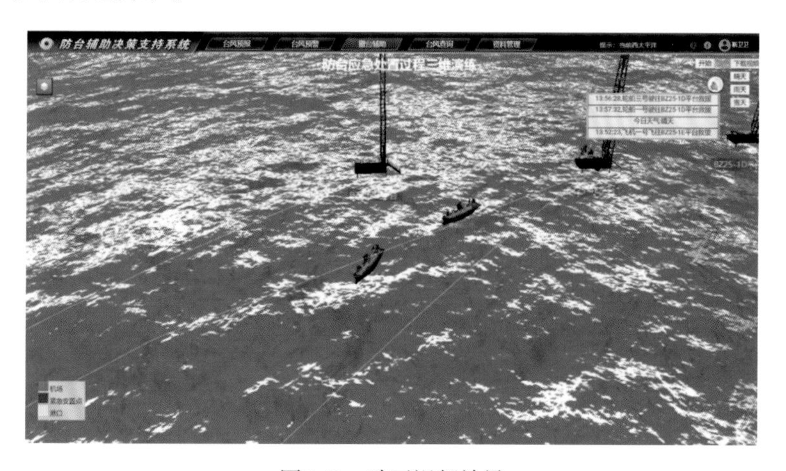

图7.42　动画视频效果

7.4.6 台风查询

1）统计查询

点击“统计查询”按钮，选择“时间范围”“强度范围”“空间范围”等筛选条件，点击“确认”按钮，对符合条件的台风进行统计分析（图7.43），包括台风生成源密度特点统计、台风强度分布、台风对海上油气田影响特征、台风移动路径与速度特征、台风生成时间分布等，并生成对应的报告。

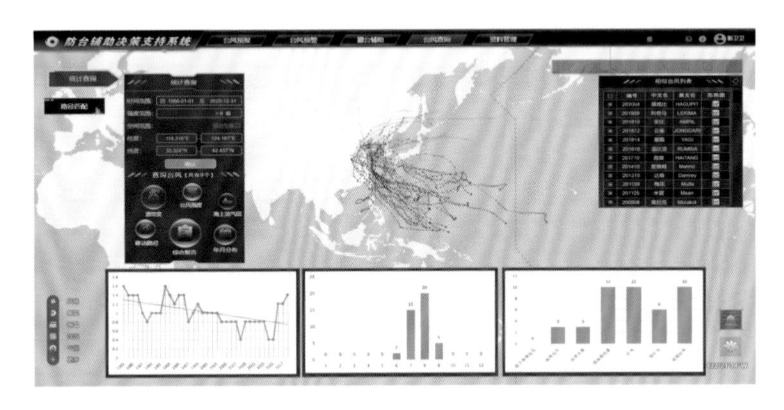

图7.43 台风统计查询界面

2）路径匹配

点击“路径匹配”按钮，输入或选择台风信息，选择匹配条件，即可在右侧显示相似台风的信息列表，通过复选框将其显示到地图界面中，如图7.44所示。

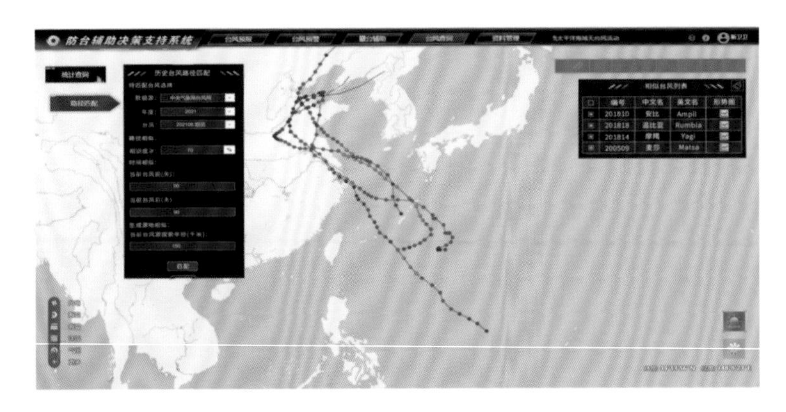

图7.44 历史台风路径匹配界面

7.4.7 资料管理

点击“资料管理”菜单，可以通过输入关键字直接查找相关资料，也可以通过点击左侧目录树查找相关资料。

第8章

海上油气田防台工作展望

40年来，从无到有，从弱到强，从被动应对到主动防范，从积极防御到科学防治，海上油气田防台工作在克服困难中不断进步，构建了较为完善的防台应急管理体系，形成了“宁可防而不来”的特色防台文化，建设了一支专业化防台应急支持技术队伍，海上油气田防台工作取得阶段性的胜利。

党的十八大以来，我国应急管理体系建设进入以总体国家安全观为统领的新时期，把防风险摆在突出位置，坚持底线思维，增强忧患意识，提高防控能力，着力防范化解重大风险，坚持以防为主，防抗救相结合，全面提升全社会抵御灾害的综合防范能力。

进入新时代，站在新起点，我们肩负保障国家能源安全的重任，面对台风数量增多和强度增大带来的风险和挑战，必须一以贯之地以习近平生态文明思想和安全发展理念为指导，坚持“十防十空也要防”的底线原则，充分借鉴与吸收近年来防台期间发生的一系列风险和事故的教训，持续推进防台应急管理体系和能力现代化，为建设中国特色国际一流能源公司创造良好的安全环境。

8.1　持续完善应急管理制度

近年来，海上油气田开发的强劲增长导致了海上工作量增加、项目工期压缩以及直升机、船舶和人力资源摊薄等一系列新问题，给海上油气田防台工作造成了严重威胁。面对新问题，必须进一步深挖制度建设红利，以制度保安全、保发展。

1）防台准备金制度建立

防台工作是海上油气生产作业必不可少的一项工作，尤其是对于东海和南海的海上油气田来说，防台周期长达半年以上。因此各单位应根据自身设施受台风影响情况、撤离所需的资源以及安置费用等，设立防台专项资金，做好资金保障以满足本单位的防台需要。

2）共享值班中心机制建设

当生产作业一线出现应急事件时，可以直接上报集团公司共享值班中心。这种机制不需要逐级转达，加强和完善了集团层面的应急管理，改进了传统的应急启动方式，缩短了应急响应时间，而且通过共享的方式，避免了重复建设，减少了不必要的投入。

3）作业程序标准化建设

由于各作业公司的防台情况各异，发展水平也不尽相同，因此在防台作业程序方面各有特色。急需通过对现有防台作业程序的集中梳理，充分参考并借鉴各作业公司在防台方面的有益探索和良好做法，制定出一套适应性好、操作性强、安全性高的标准化防台作业程序。此外也有必要建立海上石油设施防台风险检查技术指南，明确不同防台阶段海上油气田勘探、开发生产等各个作业环节的风险源检查内容、流程和应对措施，使防台工作更加精准，更加精细，更加到位。

8.2　持续提升专业技术能力

科学防台、精准施策以及智慧防台等都有赖于精准的、精细化的台风预报预警与设备设施评估，因此应立足于自身作业特点，充分依托现有技术成果，优化整合各类科技资源加强预报预警、设备设施监测和风险评估等关键技术研发和装备研制，加快大数据、物联网和人工智能等技术应用与集成，提高防台应急响应能力。

1）台风预报预警能力提升

进一步加强台风相关科学问题的研究，不断提高台风路径、强度、结构变化等相关物理机制的认识；加强台风数值预报模式、台风集合或集成预报系统的研发和改进，提高早期预报能力和精细化水平。尽快建立中长期台风形势预测能力，对未来一个月台风的生成个数、概率以及影响范围进行预测，对未来三个月台风的生成概率及影响范围进行预测，为相关单位安排生产作业计划、人员倒班管理等提供参考。加强水文气象数据监测，通过长时期的水文气象数据观测，尤其是获得台风等极端天气影响下的水文气象数据信息，为我国海上石油设施的设计标准的制定提供决策依据，确保海上石油设施的本质安全能力水平。

2）海上设施防台评估能力提升

在台风影响下，海上石油设施风险源众多，加之台风路径和强度等变化复杂，给海上油气田防台带来极大的困难。因此应全面识别台风影响下海上石油设施的风险源，建立合理有效的评估指标体系，对灾害后果进行定性和半定量评估并提供针对性预防措施，为应急预案编制和海上油气田防台提供支撑。

加强典型情景下的设备设施失效风险评估与对策研究，加强基于台风预报数据的海上石油设施风险动态评估和船舶避台路线优化研究，加强高风险设备设施在线监测和风险实时评估，重点包括深水浮式设施系泊系统受力分析与预测，锚泊系统断裂情况下设施运动规律、剩余锚链张力重新分配及不完整锚泊系统的剩余强度等，为海上油气田防台能力的提升提供专业化的技术支撑

3）台风生产模式常态化推进

在海上油气田的生产过程中，一旦收到台风预警做出撤离决策时，从最后一批人员撤离到最早一批人员复台的时间间隔大都在2天以上。在一般强度的台风经过时，具

有远程遥控功能的平台可以无需关停，继续生产，对于最大程度降低台风对海上油气田的产量影响具有重要作用。在现有海上油气田台风生产模式改造和建设的基础上，加快推进海上平台无人化、台风生产模式常态化，大力提升生产运营智能化水平，充分发挥数字化技术带来的“降本、增效、防风险”价值。

4）智慧决策能力建设

建立台风应急管理大数据平台，整合相关数据形成应急管理“一张图”，实时掌握现场动态，科学指挥决策。根据历史台风数据库，融合水文气象观测和预报，利用平台、船舶和管线位置等数据，依托云计算、人工智能、大数据和 GIS 相关技术，参考历史防台经验总结和良好做法，实现台风应对信息化、智能化，最终完成“图上看、网上管、全覆盖”的精准、快速、智能应对台风的应急保障体系建设。

8.3 构建基层防台管理新格局

1）普及防台知识，提高防台意识

近年来台风引发的事故调查表明，现场人员知识缺乏、思想麻痹、意识淡薄、执行管理制度不到位、侥幸心理等主观因素是导致风险频发的主要原因。因此必须紧紧依靠基层党组织，结合班组建设等工作，扎实有效推进基层防台管理工作。加强灵活多样、潜移默化的科普宣传和培训教育，宣传、贯彻、落实集团公司防台管理方针和防台理念，增强风险意识，严守底线，坚决杜绝灾难性事故的发生。

2）加大各级干部培训力度

台风应急管理的专业性和技术性强，必须结合突发事件情景构建，定期开展高级别防台应急演练，重点演练灾情判断、应急指挥、信息报送、现场指挥、协调联动和综合保障等工作，不断提高各级干部在防台应急管理方面的研判力、决策力、掌控力和协调力。

附录

海上油气田防台良好作业实践总结

附录1　中海石油（中国）有限公司天津分公司

有限天津分公司负责渤海范围内的石油和天然气的勘探、开发生产业务，总部设在天津市滨海新区。由于北上台风路径、风力和移动速度变化复杂，加之公司油田总体呈多点分布式的格局，给海上油气田防台工作带来了很大挑战。公司遵循“安全第一，以防为主”“十防十空也要防”的原则，及早部署、积极应对，协调区域内单位共同防台。

附1.1　公司主要设施情况

公司下辖渤西作业公司、辽东作业公司、渤南作业公司、秦皇岛32-6/渤中作业公司、曹妃甸作业公司、蓬勃作业公司、工程技术作业公司和工程建设中心。海上油气田分布见附图1.1。

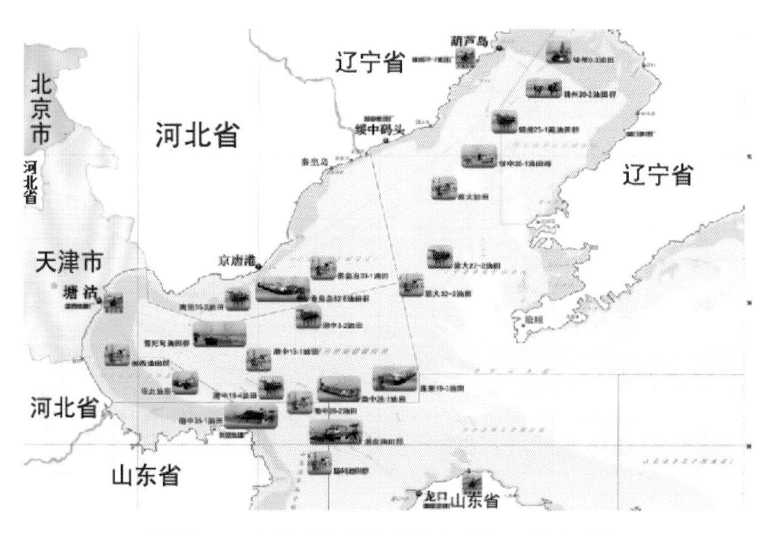

附图1.1　有限天津分公司海上油气田分布示意

附1.2　良好作业实践

公司在多年的防台实践中，成功应对了超强台风“梅花”、台风“达维”、台风“巴威”等，积累了宝贵的经验。

附1.2.1　加强与专业气象部门的合作

继续做好与中国气象局国家卫星气象中心、天津市专业气象台的台风预报合作，对北上台风进行及时跟踪，做到提前预报。

附1.2.2　内部协同，及早防范

根据公司工作需要，与海油发展北京分公司信息技术开发中心成立台风监测项目组，对西北太平洋区域形成的台风及时进行跟踪，对可能影响渤海海域的台风加密跟踪及监测，提前做好防范。

附1.2.3　完善防台预案，加强防台演练

台风北上为公司积累了宝贵的防台实战经验，对于在防台应急工作中发现的问题，及时在各级防台应急预案中进行完善。公司适时组织专项的防台应急演练（附图1.2），一方面使相关业务部门更加熟悉修订完善后的防台应急预案，另一方面对修订完善后的防台应急预案的合理性进行检验，提高公司防台工作水平。

附图1.2　防台应急演练

附1.2.4　提高应急管理能力，做好应急资源的准备

在防台工作中，各种应急资源异常重要，特别是船舶和直升机等撤离工具。公司要求各船舶公司提前准备，配备相应的器材；直升机严格按照要求进行相应的检查和维护工作，做好应急值守。

附1.2.5　完善的技术手段助力防台决策

公司依托应急指挥中心，建有海上现场移动应急指挥通信系统、互联互通系统、视频监控系统、出海人员动态跟踪管理系统、渤海海洋环境综合服务平台等信息化系统，可以实现应急指挥中心与海上作业单位、终端、码头等不同场景之间的即时沟通，实时显示海上生产作业的资料数据、现场情况、资源分布，为更合理地进行应急决策提供支持。

附录2　中海石油（中国）有限公司上海分公司

有限上海分公司负责中国东海海域的海上石油和天然气的勘探、开发生产业务。近年来东海受台风影响呈现强度和数量双提升，给公司防台工作带来了较大的压力。在台风应对方面，公司坚持“十防十空也要防”的原则，践行“安全第一、生命至上”的理念，实施科学动态防台。

附2.1　公司主要设施情况

公司下辖3个作业公司、6个油气田、18个固定平台，2个油气处理终端，海上作业人数近2 000人。海上生产设施分布见附图2.1。

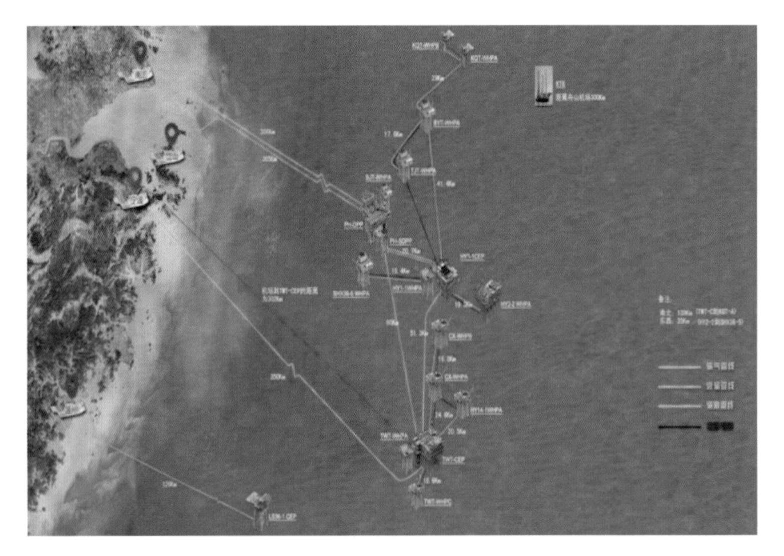

附图2.1　有限上海分公司海上生产设施分布示意

附2.2　良好作业实践

在有限上海分公司内部建立了三级预案体系，在遵循《生产安全事故综合应急预案》的原则和要求基础上，各司其职，上下衔接，形成了一套应对台风的成熟有效的做法和经验。公司根据不同的台风路径和强度制定了分级应对措施。

附2.2.1　8级至9级的台风应对措施

公司作业区域如受到热带风暴级台风的影响，由于其强度均不大，因此对此类台风的应对策略是人员不撤离，做好室外作业管控以及防大风准备等措施。如2018年先后有“格美”“云雀”“摩羯”以及“温比亚”4个热带风暴影响海上作业区域时（附图2.2），均采取此应对策略。

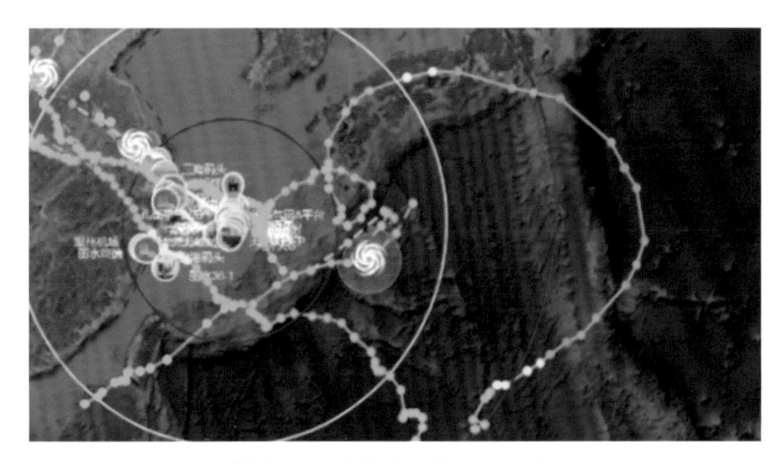

附图2.2　4个热带风暴级台风路径

附2.2.2　10级至12级的台风应对措施

公司作业区域如受到10～12级台风的影响，由于其强度有所提升，因此对此类台风的应对策略是根据其路径走向做进一步判断，即只撤离中心路径可能经过的作业区域的海上人员。如2018年的12级台风“派比安”经“天外天”生产平台后向东北方向移动（附图2.3A），因此只撤离“天外天”生产平台的海上人员；而10级台风“安比”经“天外天”生产平台后直接穿过中心作业区（附图2.3B），因此组织全海域人员撤离。

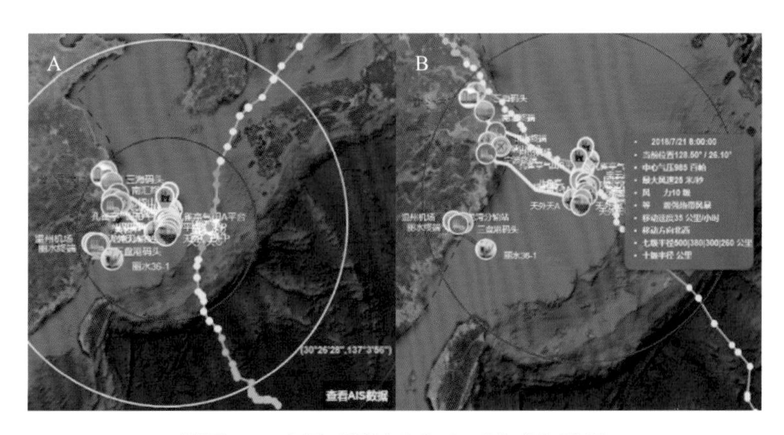

附图2.3　台风“派比安”和“安比”路径

附2.2.3　12级以上的台风应对措施

针对强度大于12级的台风尤其是超强台风，由于强度比较大，一旦路径发生变化可能会造成难以承受的灾难，因此应采取保守策略。若气象预报对作业区的实际影响风力可能达到11级以上时，则组织全海域人员撤离。

附录3　中海石油（中国）有限公司深圳分公司

有限深圳分公司负责南海东部海域（113°10′—118°E）的海上石油和天然气的勘探、开发生产业务。南海东部的海上生产设施普遍存在老旧的现象，给防台工作带来了较大的压力。公司坚持“十防十空也要防”的大原则，遵循“前紧后松”的防台策略，为最后的生产关停留足富余时间。另外通过在台风空档期合理安排重大作业，达到有效控制海上作业人数、减轻撤台压力、降低撤台风险的目的。

附3.1　公司主要设施情况

公司下辖陆丰油田、惠州油气田、西江油田、番禺油田、流花油田、恩平油田、白云天然气田以及勘探、钻井等作业单位，海上生产设施分布见附图3.1。

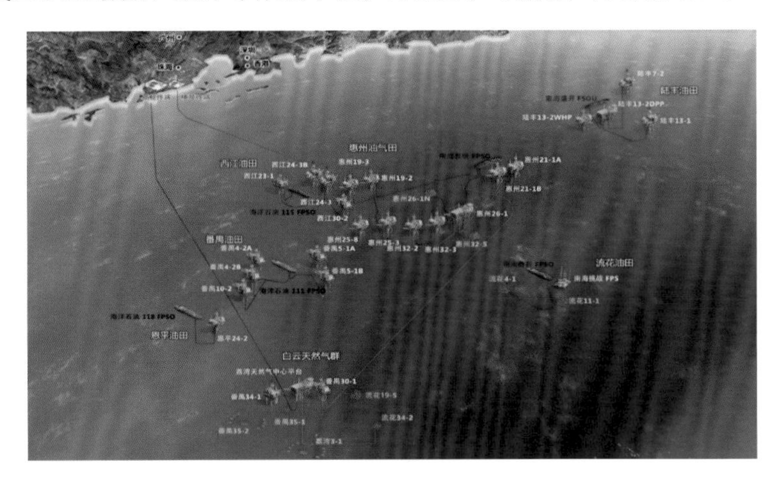

附图3.1　有限深圳分公司海上生产设施分布示意

附3.2　良好作业实践

附3.2.1　防台准备工作

每年4月，汇总台风季期间的海上重大作业和相应的作业人数，并依此落实能在3天之内撤离全部海上作业人员的直升机和经主管部门认可的可用于台风撤离的船舶。

附3.2.2　海上生产设施抗风能力阶段划分

根据海上生产设施抗风能力的不同，可将其划分为警告级阶段、危险级阶段和灾难级阶段三个阶段，并有针对性地制定了不同的应对措施。

1）警告级阶段

海上生产设施只要采取相应的防台撤离程序和复台检查程序即可。

2）危险级阶段

海上生产设施除采取警告级阶段的防台撤离程序和复台检查程序外，还需采取进一步措施降低风险，保障安全。

固定平台在撤台时应制订减重计划；在复台前派守护船对平台结构状况进行检查，若无明显变形或损坏，可按公司防台应急程序恢复生产。FPSO在撤台前应尽可能提前安排提油作业或适当控制产量，以便对FPSO进行调载（附图3.2），从而最大程度保障其抗风能力；在复台时通过查看台风前后FPSO吃水是否发生变化或者漂移量是否超过设计值等方式判断是否发生泄漏和破坏，若无明显异常状况，执行公司台风复产程序，并优先安排对单点系泊系统进行水下遥控无人潜水器的一般目视检查。

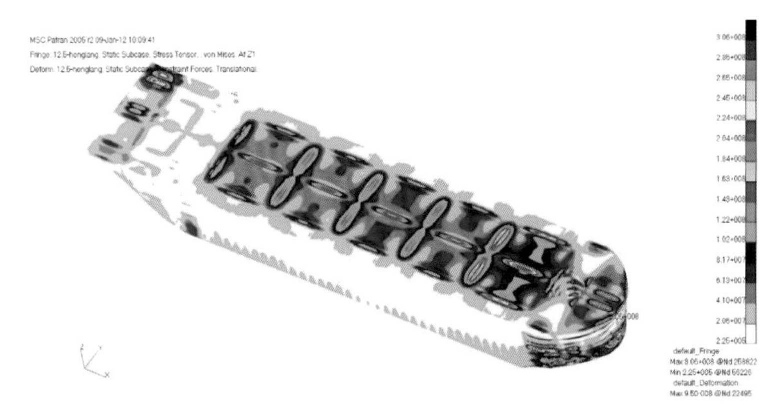

附图3.2　FPSO调载参数优化模拟

3）灾难级阶段

海上生产设施除采取危险级阶段的防台撤离程序和复台检查程序外，还需采取进一步措施降低风险，保障安全。

固定平台在撤台时应尽量减少平台上柴油、航煤油等储量，尽量降低生产系统各容器液位；在复台时应对平台结构进行专项检查，一旦发现平台结构严重损坏、变形或倒塌，应立即确认是否发生溢油或其他次生灾害，启动相应的应急程序。FPSO在撤台前还应驳走油舱中原油，然后在油舱中注水，使FPSO达到最佳的装载状态；在复台时一旦发现FPSO漂离原位置、搁浅或倾覆，应立即确认是否发生溢油或其他次生灾害，启动相应的应急程序。

附3.2.3　合理配置守护船

守护船在防台期间担负着撤离人员和应急抢险的工作，因此应根据台风路径合理配置抗风能力强的守护船。此外通过严把船舶的“准入关”，确保新起租船舶能适应恶劣海况作业。

附录4　中海石油（中国）有限公司湛江/海南分公司

有限湛江/海南分公司主要负责113°10′E以西的南海西部海域的石油和天然气勘探、开发生产业务，基地设在广东省湛江市坡头区。历年来，公司始终坚持“安全第一，以人为本”的理念，坚持“宁可防而不来，十防十空也要防”的原则，积极做好海上油气田的防台准备，认真落实防台措施，防台工作取得了显著成效，把台风灾害损失降到了最低。

附4.1　公司主要设施情况

公司设施位于南海北部湾、琼东南、莺歌海、珠江口西部海域，如附图4.1所示，下辖东方作业公司、涠洲作业公司、文昌油田作业公司、崖城作业公司以及陵水17-2气田开发项目组。

附图4.1　有限湛江/海南分公司海上生产设施分布示意

附4.2　良好作业实践

经过多年实践证明，“领导重视，科学防御，早做防范，责任明确，措施落实”是公司防台工作的宝贵经验。一旦预报台风影响公司作业海域，公司适时启动防台应急响应，邀请气象专家分析台风形势，海上油气田勘探、生产各部门汇报海上作业情况，综合各方情况，统一部署防台工作。

附4.2.1　高度重视，精心准备，统一指挥

每年台风季来临前，公司领导高度重视，及时召开防台应急会议，全面总结防台工作经验和教训，展望台风趋势，部署防台工作，如附图4.2所示。

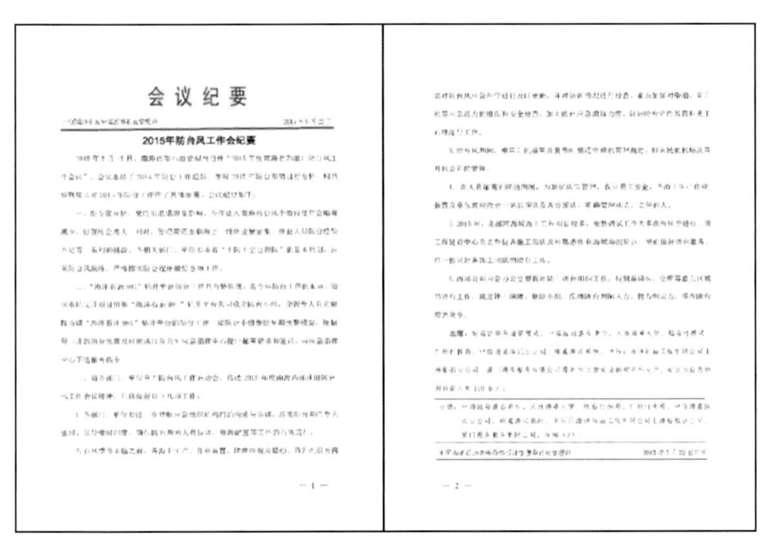

会议纪要

2015年防台风工作会纪要

附图4.2　防台工作会议纪要

附4.2.2　完善预案，积极演练，熟悉职责

公司在历年的防台工作中，不断积累经验，逐步完善防台应急预案。海上生产设施根据实际情况和特点制定台风应急程序，程序中明确了防台警戒区、各阶段应做的工作、各阶段员工的分工和责任、详细的撤离计划以及报告程序等。各作业公司、海上生产设施结合防台实际开展防台桌面演练，通过桌面演练进一步熟悉防台职责和程序。

附4.2.3　及早准备，周密部署，高效实施

防台工作立足于“早”字，做到早准备、早部署，及时、有序、全面开展防台准备工作。公司收到台风预警信息后及时召开防台应急会议，认真部署防台工作，通知各海上设施做好防风防雨准备，密切跟踪台风动态。

根据海上石油设施与台风的距离以及各设施的作业情况，有序安排撤台。文昌海域撤离工作繁琐，通过优化流程，缩短扫线时间，尽可能降低对生产的影响。莺歌海海域生产的天然气供应香港和海南居民，为了减少对居民生活的影响，台风到来时，在保证安全生产的前提下，坚持台风模式生产。北部湾海域由于海上生产设施老旧，通过严格控制可变负荷、下放修井设施、及时清理甲板集装箱和货物、固定好可移动物体等措施，减少台风带来的危害。

附4.2.4　未雨绸缪，做好台风季前的检查工作

公司每年都组织人员到船舶和直升机服务公司进行安全提示，要求在台风季前对船舶和直升机进行安全检查和维护保养，并做好相关的准备及演练工作。

附录5　海洋石油工程股份有限公司

海洋石油工程股份有限公司（以下简称“海油工程”）是中国唯一一家集海洋石油和天然气开发工程设计、陆地制造和海上安装、调试、维修以及液化天然气、炼化工程为一体的大型工程总承包公司，总部位于天津滨海新区。公司坚决秉承“十防十空也要防”“宁可防而不来，不可来而不防”的方针和基本原则，自上而下，层层落实防台责任，积极按照防台应急预案做好防台措施。

附5.1　公司主要设施情况

公司总场地面积约350×10^4 m^2，年加工能力41×10^4 t。其中塘沽场地面积20×10^4 m^2，年加工能力6×10^4 t；青岛场地面积120×10^4 m^2，年加工能力20×10^4 t；珠海场地面积接近210×10^4 m^2，年加工能力15×10^4 t。拥有DP3动力定位深水铺管船、7 500吨起重船等22艘多样化的海上施工船队，如附图5.1所示。

附图5.1　海油工程主要设施情况

附5.2　良好作业实践

在防台方面，公司存在以下3个难点：①工程船舶抗风能力相对远洋船舶较弱；②海上施工过程中需要弃管、起锚等前期准备，导致撤离准备时间较长；③一些非自航船舶需靠拖轮拖带航行，机动性较差。因此必须做到“及早预警，适时撤离，做好防范”。

附5.2.1　积极做好台风季前检查

在台风季来临前，各单位要对船舶组织防台专项隐患排查，对船舶动力设备、航行设备、拖带设备、通信设备、水密设备、排水设备、救生设备等进行全面、系统的检查，并做好维护和保养，避免因设备设施的故障影响防台工作。

附5.2.2　高度重视气象预测

岸基和船舶相关部门利用网络收集各种气象资料，主要包括日本气象传真图、中央气象台台风快讯、浙江省台风路径实时发布系统、温州台风网和中央气象台台风网等。船舶还通过配备的风速仪等设备，对现场的气象条件进行实时监控。

附5.2.3　严格落实防台应急会议制度

船舶根据相关要求召开防台应急会议（附图5.2），制订防台计划，布置防台任务，选择避台锚地，根据台风路径、移速和强度计算结束施工和船舶撤离的时间等，保证船舶安全抵达避台锚地。

附图5.2　船舶防台应急会议

附5.2.4　筛选避风锚地

通过对锚地的水深、底质、遮蔽等情况评估，在长江以南，确定了适宜大型拖带船舶避台的锚地有长江口1号和2号锚地、舟山海域岱山岛和朱家尖岛附近等海底平坦的水域、台州港锚地、温州港锚地、大亚湾锚地、阳江港锚地、三亚港锚地、洋浦港锚地和北海港锚地。

附5.2.5　签订应急资源备用协议

为了弥补现有直升机资源无法满足海上平台和船舶同时避台时的人员撤离需求，公司一方面与交通运输部各救助局签订框架协议，将各救助局拖轮作为备用资源，另一方面与Hifleet网站合作，借助该网站拖轮筛选功能，选取就近船舶协助人员撤离。

附录6 中海油田服务股份有限公司

中海油田服务股份有限公司（以下简称“中海油服”）是全球较具规模的综合型油田服务供应商，服务贯穿海上石油和天然气勘探、开发生产的各个阶段，主要业务有物探勘察服务、钻井服务、油田技术服务及船舶服务。面对台风的影响，公司始终坚持“十防十空也要防”“宁可防而不来，不可来而不防”的原则，深入贯彻“以人为本”理念，通过周密部署和扎实准备，按照区域一盘棋的思想，密切配合并服从有限各分公司的防台指挥，最大程度减少因台风造成的损失。

附6.1 公司主要设施情况

公司共运营和管理物探勘察船13艘、钻井装备57座（包括36座自升式钻井平台、12座半潜式钻井平台、3座生活平台、6套模块钻机）、近海工作船舶130多艘。

附6.2 良好作业实践

公司服务区域覆盖全球40多个国家和地区，经过不断的实践和总结，建立了公司内部的三级预案体系，明确了与有限各分公司应急接口，确保各个区域的防台应急工作能够统一协调、撤离有序。

附6.2.1 关注气象，提前预警

通过中国海油系统内部台风预警、查询中央气象台台风网和温州台风网等台风预报网站，多渠道提前获取台风气象信息，向海上作业单位发出台风预警信息。

附6.2.2 及早研判，果断决策

国内各海域的防台应急工作服从所属区域的有限分公司的统一安排；对于公司总包的其他区域的作业项目，按照“以人为本、安全第一”的理念，贯彻“早准备、早部署、早检查、早落实”的工作方针，通过召开防台准备协调会、气象信息会商等方式，提前对台风可能的路径进行研判，联合作业者共同分析，克服侥幸和麻痹思想，及早启动防台撤离工作。

附6.2.3 防风加固，充分准备

在台风季到来前，公司组织开展防台安全检查，做好防台物资储备，确保防台应急期间物资充足，人员安全，设备完好。接到防台应急指令后，海上生产一线单位按照防台分工表，开展防台准备，如附图6.1所示。

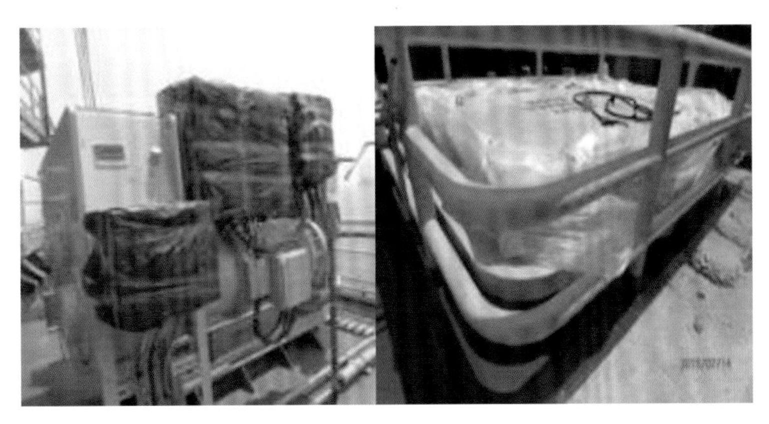

附图6.1　防台准备过程中的现场固定绑扎工作

附6.2.4　动态跟踪，密切关注

防台应急期间，公司密切关注台风动向，实时跟踪船舶和钻井平台的人员动向及防台工作进程。海上作业单位每日分两次向所属区域分公司汇报人员撤离情况，由分公司汇总后每日分两次向公司汇报《中海油服防热带气旋报表》，经公司汇总后每日分两次向集团公司质量健康安全环保部汇报当天防台撤离情况。

附6.2.5　陆地避台，集中管理

为确保陆地避台人员的安全，公司对避台人员实行统一的食宿管理，具体措施包括：①各单位指定一名带队负责人，着重抓好员工请销假制度和检查制度，严禁私自外出；②各单位充分利用避台期间员工集中的机会，认真组织开展员工的安全和技能培训工作（附图6.2），同时发挥党工团的作用，在避台期间开展相关团队活动，体现人文关怀。

附图6.2　安全和技能培训

参考文献

曹裕州, 肖大远, 2008. 认识台风[J] . 水利科技 (1):73−75.

陈彬, 唐海雄, 刘正礼, 等, 2013. 深水钻井平台防台应急程序建立及在南中国海的实践[J]. 中国海上油气, 25(5): 52−55.

陈立言, 汪汉琨, 1994. 南海东部台风十年回顾及建议[J]. 中国海上油气（工程）, 6(1):36−40.

陈联寿, 丁一汇, 1979. 西太平洋台风概论[M]. 北京：科学出版社.

陈联寿, 端义宏, 宋丽莉, 等, 2012. 台风预报及其灾害[M]. 北京：气象出版社.

陈瑞闪，2002. 台风[M]. 福州：福建科学技术出版社.

陈维杰, 2010. 超强台风下固定平台极限承载能力分析[D]. 青岛：中国石油大学.

陈文方, 端义宏, 陆逸, 等, 2017. 热带气旋灾害风险评估现状综述[J]. 灾害学, 32(4):146−150.

陈振林, 中国已基本建成高时空分辨率台风立体监测体系. 央视网. http://news.cntv.cn/20120702/109844.shtml.

邓玉梅, 董增川, 2008. 我国台风防御应急管理对策[J]. 水文, 28(2):80−81.

董志华, 曹立华, 薛荣俊, 2004. 台风对北部湾南部海底地形地貌及海底管线的影响[J]. 海洋技术, 23(2):24−28.

端义宏, 陈联寿, 许映龙, 2012.我国台风监测预报预警体系的现状及建议[J].中国工程科学, l4(9):4−9.

国际船舶网. Bourbon一艘拖船沉没11人失踪. http://www. eworldship.com/html/2019/ OperatingShip_0930/153134.html.

海洋智汇.海洋钻井史上最惨重9大事故. 龙de船人. https://www.imarine.cn/thread-614424-1-1.html.

郝其果, 2014. 台风命名的由来[J]. 生命与灾害 (10):8−9.

何懋华，2013. 南海固定式平台极限承载能力分析研究[D]. 广州：华南理工大学.

胡峰, 2013. 船舶抛锚防抗台风 的风险和应对措施[J]. 科学大众 (9): 166.

胡志强, 2017. 极端环境条件下张力腿平台立管耦合系统承载能力研究[D]. 青岛：中国石油大学.

黄彬, 2017. 台风是如何命名的[J]. 生命与灾害 (10):5.

黄潘阳, 叶银灿, 韦雁机, 等, 2012.台风对春晓气田群海底管道安全的影响研究[J]. 船海工程, 41(4): 154−157.

建筑结构荷载规范. GB 50009—2012[S]. 北京: 中国建筑工业出版社, 2012.

蒋迪, 黄菲, 郝光华, 等, 2012. 南海土台风生成及发展过程海气热通量交换特征[J]. 热带气象学报, 28(6):888−895.

蒋汝斌, 2016. 半潜式钻井服务支持平台风载荷数值模拟计算[D]. 镇江：江苏科技大学.

军事次位面.印度海上钻井平台出大事了：印度海军与时间赛跑，将人员全救出. https://3g.163.com/dy/article_cambrian/E3NO8II705354IQY.html.

开夏, 2001. 恶劣气候造成的海难事故[J]. 航海科技动态 (5):12−16.

康斌,2016. 我国台风灾害统计分析[J]. 研究探讨, 26(2):36−40.

康健, 2013. 超强台风下海洋石油钢结构极限承载力及倒塌机理研究[D]. 青岛：中国石油大学.

兰州晨报.台风吹倒中石化海上平台. 新浪网. http://news.sina.com.cn/o/2010-09-09/02121808617 5.shtml.

老老树皮.海洋钻井史上最惨重6大事故. http://www.360doc.com/content/14/0520/09/628497_379243606.shtml.

李凌, 2012. 自升式平台的湿拖航安全性[J]. 中国船检 (10):94−96.

李阳, 张威, 谢彬, 2015. 深水半潜式钻井平台防台措施探讨[J]. 海洋工程装备与技术, 2(6):396−404.

林 强, 于涛, 陈庆强, 2019. 南海平台的台风影响规律及应对策略研究[J]. 中国造船, 60(3):179−185.

刘智勇, 陈苹, 刘文杰, 等, 2019. 新中国成立以来我国灾害应急管理的发展及其成效[J]. 党政研究 (3): 28−36.

马鹏辉, 杨燕军, 刘铁军, 2015. 台风数值预报技术研究进展[J]. 山东气象, 35(141): 12−17.

祺祥, 2009. 台风的命名[J]. 南京大学学报(自然科学版) (11):25−26.

申霞, 2020. 我国应急管理的四大转变[J]. 人民论坛 (4): 64−65.

时军, 2008. 海洋平台上的风荷载计算研究[D]. 大连：大连海事大学.

隋万胜, 2010. 外派船舶的防台抗台工作[J]. 中国水运, 10(10):27−28.

田恬, 2013. 从安全生产到安全发展[J].中国减灾 (14).

王成龙, 2017. 南海三用工作船避离台风方法[J]. 航海技术 (3):33−37.

王奉安, 2011. 台风命名的演变[J]. 环境保护与循环经济 (8):29−31.

王昊，2013. 固定式平台应对超强台风能力研究[D]. 哈尔滨：哈尔滨工程大学.

王彧, 张勃, 马俊园, 2008. FPSO码头系泊防台研究[J]. 海工装备 (5):54−56.

韦红术, 王荣耀, 张玉亭, 等, 2015. 南海深水钻井防台风应急技术[J]. 石油钻采工艺, 37(1):151−153.

玮珏, 2013. 台风防范与自救[M]. 石家庄：河北科学技术出版社.

温州台风网. www.wztf121.com.

文永仁, 戴高菊, 陶长滨, 等, 2017. 我国台风路径突变研究进展[J]. 气象科技, 45(6):1027− 1033.

吴迪生, 赵雪, 冯伟忠, 等, 2005. 南海灾害性土台风统计分析[J]. 热带气象学报, 21(3): 309−314.

谢波涛, 2010. 台风/飓风影响海区固定式平台设计标准及服役期安全度风险分析. 青岛：中国海洋大学.

许亮斌, 周建良, 王荣耀, 等, 2015. 南海深水钻井平台悬挂隔水管撤离防台分析[J]. 中国海上油气, 27(3): 101−107.

杨江辉, 2005. 深水导管架平台在随机波浪和海流作用下的动力响应分析[D]. 北京：中国石油大学.

杨作嘉, 2017. 船舶防台指挥经验总结[J]. 中国水运, 38(9): 26−28.

余承龙, 孙青, 董铁军, 等, 2017. 推进器辅助锚泊模式下半潜式平台锚地抗台风能力分析[J]. 中国海上油气, 29(3): 131−138.

张洪刚, 艾万政, 2016. 舟山海域船舶抗台技术研究[J]. 中国水运, 16(4): 19−21.

赵鹏飞, 李吉奎, 2016. 台风[M]. 南京：南京出版社.

郑国光, 2020. 我国应急管理体系与能力建设的四个着力点[J]. 人民论坛 (33): 22.

郑慧扬, 史兴耀, 袁祥林, 2018. 船舶防台工作[J]. 航海技术 (3):71−74.

中国海洋石油集团有限公司. Q/HS 4021—2010, 海上石油设施防台风应急要求[S].

中国气象局国家气象中心. GB/T 19201—2006, 热带气旋等级[S].

中央气象台台风网. http://typhoon.nmc.cn/web.html.

周冲, 2012.我国台风的强度变化趋势及台风风速重现值估计[D]. 青岛：中国海洋大学.

朱本瑞, 2014. 超强台风下导管架平台倒塌机理与动力灾变模拟研究[D]. 青岛：中国石油大学.

朱高庚, 陈国明, 刘康, 等, 2019.台风环境下深水钻井平台失控漂移后果分析及安全屏障研究[J]. 中国海上油气, 31(3): 168−175.

邹佳星, 任慧龙, 李陈峰, 2015. 极端海况下FPSO系泊系统安全性评估与分析[J]. 哈尔滨工程大学学报, 36(1):104−107.

左华楠, 2017. 恶劣风浪下深水导管架平台结构强度分析研究[D]. 镇江：江苏科技大学.

CHEN J B, GILBERT R B, KU A, et al, 2020. Calibration of Model Uncertainties for Fixed Steel Off shore Platforms Based on Observed Performance in Gulf of Mexico Hurricanes[J], 146(6): 04020039.

CRUZ A M, KRAUSMANN E, 2008. Damage to offshore oil and gas facilities following hurricanes Katrina and Rita: An overview[J]. Journal of Loss Prevention in the Process Industries, 21: 620−626.

CRUZ A M, KRAUSMANN E, 2009. Hazardous-materials releases from offshore oil and gas facilities and emergency response following Hurricanes Katrina and Rita [J]. Journal of Loss Prevention in the Process Industries, 22: 59−65.

KAISER M J, KASPRZAK R A, 2008. The impact of the 2005 hurricane season on the Louisiana Artifi cial Reef Program [J]. Marine Policy. 32:956−967.

KAISER M J, Yu Y K, 2010. The impact of Hurricanes Gustav and Ike on offshore oil and gas production in the Gulf of Mexico [J]. Applied Energy, 87:284−297.

KAREEM A, KIJEWSKI T, 1999. Analysis and performance of off shore platforms in hurricanes[J]. Wind and Structures, 2(1):1−23.

MASSACHUSETTS INSTITUTE OF TECHNOLOGY. A Nation in the Making . https://www.docin.com/ p-1222271585.html.

RIG ZONE NEWS. Off shore platform destroyed by hurricane Ike. Maritime Studies. May-June 2008.

参考资料

海洋石油工程股份有限公司安装事业部海洋石油202船防台风手册（2019）.
海洋石油工程股份有限公司安装事业部应急管理预案（2019）.
海洋石油工程股份有限公司应急管理办法（2020）.
海洋石油工程股份有限公司应急预案（2019）.
中国海洋石油集团有限公司危机管理预案（2019年第二版修订）.
中国海洋石油集团有限公司应急管理办法. QHSE-01，2020.
中国海洋石油集团有限公司质量健康安全环保部. 中国海油防台实践汇编（第一册）.
中国海洋石油集团有限公司质量健康安全环保管理制度. QHSE-01，2018.
中海石油（中国）有限公司上海分公司黄岩油气田群防台应急管理程序（2020）.
中海石油（中国）有限公司上海分公司生产安全应急预案（2020）.
中海石油（中国）有限公司深圳分公司番禺油田作业区防台应急预案（2019）.
中海石油（中国）有限公司深圳分公司惠州油田作业区FPSO 避台航行期间失控事件情景构建报告（2018）.
中海石油（中国）有限公司深圳分公司惠州油田作业区防台应急预案（2020）.
中海石油（中国）有限公司深圳分公司惠州油田作业区惠州19-3平台防台应急程序（2020）.
中海石油（中国）有限公司深圳分公司陆丰油田作业区南海盛开号避台期间突发事件情景构建报告（2018）.
中海石油（中国）有限公司深圳分公司生产安全应急预案（2020）.
中海石油（中国）有限公司深圳分公司疫情期间应急撤离预案（2020）.
中海石油（中国）有限公司深圳分公司作业协调部联合撤台及复产管理规定（2008）.
中海石油（中国）有限公司天津分公司生产安全应急预案（2020）.
中海石油（中国）有限公司危机管理预案（2019年第二版修订）.
中海石油（中国）有限公司湛江分公司生产安全应急预案（2020）.
中海石油（中国）有限公司湛江分公司文昌油田群防台风应急程序（2019年修订）.
中海油能源发展股份有限公司采油服务深圳分公司海洋石油111FPSO防台应急预案（2019）.
中海油田服务股份有限公司综合应急预案（2018）.
中海油田服务股份有限公司钻井事业部奋进号平台防热带气旋现场应急处置方案（2019）.
中海油田服务股份有限公司钻井事业部南海2号平台防热带气旋现场应急处置方案（2019）.
中海油田服务股份有限公司钻井事业部南海六号遭遇超强台风漂移情景构建报告（2018）.
中海油田服务股份有限公司钻井事业部综合应急预案.